物质构成的化学

MAGICAL CHEMISTRY

化学的
发展历程

徐东梅◎编著

中国出版集团
现代出版社

图书在版编目（CIP）数据

化学的发展历程／徐东梅编著 . —北京：现代出
版社，2012.12 （2024.12重印）
（物质构成的化学）
ISBN 978 - 7 - 5143 - 0975 - 1

Ⅰ.①化… Ⅱ.①徐… Ⅲ.①化学史 - 世界 - 青年读
物②化学史 - 世界 - 少年读物 Ⅳ.①O6 - 091

中国版本图书馆 CIP 数据核字 （2012） 第 275552 号

化学的发展历程

编　著	徐东梅
责任编辑	李　鹏
出版发行	现代出版社
地　址	北京市朝阳区安外安华里 504 号
邮政编码	100011
电　话	010 - 64267325　010 - 64245264 （兼传真）
网　址	www. xdcbs. com
电子信箱	xiandai@ cnpitc. com. cn
印　刷	唐山富达印务有限公司
开　本	710mm×1000mm　1/16
印　张	12
版　次	2013 年 1 月第 1 版　2024 年 12 月第 4 次印刷
书　号	ISBN 978 - 7 - 5143 - 0975 - 1
定　价	57.00 元

前　言

　　早在几百万年以前，化学便与人类结下了不解之缘。当时，人类还过着极其简单的原始生活，靠生肉和野果为生。后来人类逐渐接触火并认识到火可以带来光明、取暖御寒、烧烤食物、驱走野兽。于是，我们的祖先便从野火中引来火种，并努力维持火种，使它为人类服务。

　　后来在漫长的岁月中，人们又学会了摩擦生火和钻木取火，这些发明是人类历史上一件划时代的大事。自从发明了人工取火，人类就得到了用火的自由。火使人类可以实现许多有用物质的变化：在熊熊的烈火中，可使黏土、砂土、瓷土烧制成可用的陶瓷和玻璃，也可使矿石放在火中烧炼出有用的金属。

　　无论是烧制陶器，还是冶炼青铜器和铁器，对今天的人们来说，都可以划到无机化学一类。无机化学是除碳氢化合物及其衍生物外，对所有元素及其化合物的性质和它们的反应进行实验研究和理论解释的科学，是化学学科中发展最早的一个分支学科。

　　但无机化学反应只是化学反应中的冰山一角，化学反应主要以有机为主。有机化学又称为碳化合物的化学，是研究有机化合物的结构、性质、制备的学科，是化学中极重要的一个分支。

　　在有机化学发展的初期，有机化学主要研究从动、植物体中分离有机化合物，有机化学工业的主要原料也是动、植物体。19 世纪中到 20 世纪初，有机化学工业逐渐变为以煤焦油为主要原料。30 年代以后，以乙烯为原料的有机合成兴起。40 年代前后，有机化学工业的原料又逐渐转变为以石油和天

然气为主，发展了合成橡胶、合成塑料和合成纤维工业。另外同时发展起来的高分子化学，如聚乙烯、聚氯乙烯等，也对人类的生产生活产生了极大的影响。

另外，生命的本质和如何有效地加以保护是人类很关心的一个问题。由于一切生命过程说到底是靠化学反应来完成的，因此，恰当地运用化学正是调节生命活动和提高人体素质的重要手段。所以，随着化学技术的发展，生物化学越来越引起人们的关注和热情，现在已能从分子水平研究生命物质和生物的遗传与变异问题。

至今为止，化学的发展进入了一个高新技术阶段，化学处于材料化学、生命化学、环境化学、绿色化学等新兴交叉学科的中心地位，化学的原理和研究方法广泛应用于社会生产生活中，成为社会生产、国民经济、国防建设不可或缺的因素。但在当今社会中，仍然存在许多诸如食品不安全、环境污染、温室效应等一系列问题，其归根结底是由人类不正确使用科技成果或使用不成熟的科技成果造成的，这些需要化学工作者进一步去解决，这也是化学发展的一个未来走向。

化学作为科学的重要组成部分，我们不仅要深入研究其领域的知识，也应该了解其发展历程。为此，我们编写了这本《化学的发展历程》一书，书中内容深入浅出，通俗易懂，脉络清晰，观点客观，集知识性、技术性、实用性、趣味性于一体，并配有内容贴切的精美图片，目的在于为化学史提供一个简明而权威的综述，以利于读者对化学史产生整体的印象。

当然，由于编者水平有限，书中难免出现错讹之处，敬请读者朋友批评指正。

目　录

化学物质探索历程

元素与元素周期律 ……………………………………… 1

探索水的组成 ……………………………………………… 5

迥异的碳氧化合物 ………………………………………… 8

氢化物的认识 ……………………………………………… 13

多彩的卤化物 ……………………………………………… 18

硫酸盐的研究 ……………………………………………… 24

广泛存在的硅酸盐 ………………………………………… 29

罕见的稀有气体化合物 …………………………………… 32

多种多样的链烃 …………………………………………… 36

高分子化合物的含义 ……………………………………… 42

无机化学工业发展历程

玻璃的发明 ………………………………………………… 45

水泥的出现 ………………………………………………… 49

硫酸的制取 ………………………………………………… 52

合成氨与硝酸制取 ………………………………………… 58

苛性碱和盐酸的制取 ……………………………………… 63

纯碱工业的发展 …………………………………………… 67

火柴的发明 ………………………………………………… 71

照片洗印的历史···77

有机化学工业发展历程

煤的深加工···84

石油效用的三次发现···88

洗涤用品的发展···94

天然橡胶的硫化···99

人造橡胶的发展···104

聚乙烯与聚丙烯的产生···109

塑料早期的产品···113

形形色色的塑料···118

人造纤维问世···123

合成纤维的诞生···128

生物化学发展历程

蛋白质和氨基酸···135

酶的认识与研究···142

碳水化合物的认识···145

油脂和脂肪酸的研究···150

多种多样的苷···153

激素的探索···156

探秘核酸和DNA··161

嘌呤的发现···166

叶子中的不同色素···169

复杂的植物碱···172

动物体中的有机酸碱···181

化学物质探索历程

从开始用火的原始社会，到使用各种人造物质的现代社会，人类都在享用化学成果。人类的生活能够不断提高和改善，化学的贡献在其中起了重要的作用。化学是研究物质的组成、结构、性质以及变化规律的科学。

化学物质是化学运动的物质承担者，也是化学科学研究的物质客体。这种物质客体虽然从化学对象来看只是以物质分子为代表，然而从化学内容来看则具有多种多样的形式，涉及到许许多多的物质。世界是由物质组成的，化学则是人类用以认识和改造物质世界的主要方法和手段之一，所以，对物质化学性质的探索，是研究化学的基础。

元素与元素周期律

18世纪，在拉瓦锡的化学教科书中已经出现了第一张元素表，19世纪初由于引入原子量的概念，化学家们把主要注意力集中在确定各元素原子量之间相互关系的规律上。到19世纪中叶以后，人类已经发现了60多种化学元素。

如何才能把这些杂乱无章的化学元素理出个头绪来呢？最早研究化学元

素分类的是德贝莱纳，他注意到每三种相似的化学元素可列为一类，同类中居中的元素的原子量约为其他两种元素原子量的平均数，且性质也介于两种元素的性质之间。这个发现是周期律发现的先导。

1865年英国人纽兰兹把62个元素的原子量按递增顺序排列，发现每第八个元素性质与第一个元素性质相近，因此把它称为八音律。

八音律表揭示了元素化学性质周期性的重要特征。它的缺点是没有考虑到原子量测定值会有错误，也没有估计到还有未发现元素的存在而留出空位，只是机械地按原子量大小将元素排列起来，这样就难于把事物内在规律揭示出来。

当时许多英国化学家对纽兰兹的八音律持怀疑态度，有人甚至嘲笑地问他是否曾按照元素名称第一个字母的顺序排列过。他的论文也未能在英国化学杂志上发表，经过这番打击，纽兰兹便放弃了化学研究而去制糖了。

对周期律进一步做出贡献的是德国化学家迈尔。他与门捷列夫并列，同为周期律的创始人。迈尔把56种化学元素列成一个表，表中分主副两组，同时他又以原子量和原子体积为坐标轴，描绘出一条曲线，这条曲线呈现出6个波峰和波谷，已经很明显地体现出化学元素的周期性，可惜迈尔没有做出详细说明。

门捷列夫1834年2月7日生于西伯利亚的托波尔斯克。在担任彼得堡大学教授时，为了讲好无机化学课，他研究了世界上各种介绍化学元素的资料，对当时已知的63种化学元素的原子量、物理和化学性质都有详细的了解。他把元素的名称、化学式、原子量、化学性质、物理性质以及主要化合物都写得清清楚楚，每个元素写一张卡片，这样只要拿起一张，该元素的一切情况就可一目了然。

后来，门捷列夫按原子量递增顺序把所有元素排成几行，再把各行中性质相似的元素上下对起来，这时各种元素之间的联系就表现出来了。元素排成了纵横交错的行列，每一横行元素也随着原子量的增大而呈现出有规律的变化。有些元素原子量和它们的性质不符，他大胆地修订了当时测错的原子量；有些元素之间性质差别太大，他便大胆地预言可能是尚未发现的化学元素，并为这些元素留下空位。他在金属锌和非金属砷之间留下两个空位，分别把这两种未发现的元素起名类铝和类硅；在钙、钛之间留了一个空位，起名叫类硼。

所有这一切都是在 1869 年 3 月 1 日完成的，即所谓"伟大的一天"。门捷列夫认为，他预言中的元素只要有一种能被发现，就是周期律的伟大胜利。

门捷列夫用周期律预言的 3 种元素，在他活着的时候就都一一被发现了。首先是法国化学家布瓦萨德朗在 1874 年 2 月从闪锌矿中利用光谱法发现了预言的类铝，为纪念他的祖国而把这一新元素定名为镓。

过了一年，门捷列夫才在《科学报告》中读到布瓦萨德朗关于发现镓的论文。他确信这就是他所预言的类铝，并写信给布瓦萨德朗，指出镓的密度测错了，不是 4.7 而是 5.9。布瓦萨德朗十分吃惊，因为他知道除了他自己别人连见都没见过镓是什么样子，门捷列夫怎么知道它的密度测错了呢？经重新测量，证实门捷列夫是对的，镓的密度是 5.94。

由于镓的发现，周期律也得到科学家们的普遍重视。没过多久，瑞典化学家尼尔松发现了门捷列夫预言的类硼，定名为钪。

门捷列夫预言的第三种元素类硅是在 1886 年被德国化学家文克勒发现的，为纪念自己的国家命名为锗。这三种新元素的发现使周期律获得了普遍的承认，可以说门捷列夫是周期律的创建者。

元素周期律的发现是一个重要的里程碑，它促使无机化学研究的兴起，并对整个化学的发展起了推动作用，为以后的化学发展指出了研究方向，激发了人们探索新元素的热情。但由于当时科学技术的局限，使得门捷列夫周期律也有一些不足，如周期表只能判断元素性质递变的大体走向，它只是一个粗略的近似规律。又如周

门捷列夫

期表是按元素原子量顺序排列的，门捷列夫还对个别元素原子量做了修订，但他当时还未认识到造成元素性质周期性变化的根本原因。

 **知识点**

原子量

　　由于原子质量很小，采用千克作为质量单位，书写、记忆、计算和使用都不方便。因此国际上采用原子的相对质量，即相对原子质量来表示原子的质量。

　　某原子的质量与C12质量的1/12的比值称为该原子的原子量，又称相对原子质量，单位为1。

　　由于大多数元素是由两种或两种以上的同位素构成的，因此元素周期表上的原子量是按各同位素所占百分比求得的平均值，或称平均原子量。

 **延伸阅读**

解读元素周期律

结合元素周期表，元素周期律可以表述为：

在同一周期中，元素的金属性从左到右递减，非金属性从左到右递增；

在同一族中，元素的金属性从上到下递增，非金属性从上到下递减；

同一周期中，元素的最高正化合价从左到右递增（没有正价的除外），最低负化合价从左到右递增；

同一族的元素性质相近；

同一周期中，原子半径随着原子序数的增加而减小；

同一族中，原子半径随着原子序数的增加而增大；

如果粒子的电子构型相同，则阴离子的半径比阳离子大，且半径随着电荷数的增加而减小。

注意：以上规律不适用于稀有气体。

此外还有一些对元素金属性、非金属性的判断依据，可以作为元素周期律的补充：

　　元素单质的还原性越强，金属性就越强；单质氧化性越强，非金属性就越强。

　　元素的最高价氧化物的水化物的碱性越强，元素金属性就越强；最高价氧化物的水化物的酸性越强，元素非金属性就越强。

　　元素的气态氢化物越稳定，非金属性越强。

　　还有一些根据元素周期律得出的结论：

　　元素的金属性越强，其第一电离能就越小；非金属性越强，其第一电子亲和能就越大。

探索水的组成

　　人类从原始社会开始就是逐水草而居，没有水人类不能生存。

　　在很长一个时期里，人们把水看作一个单一的、不可再分的、组成万物的"元素"。公元前403—前221年我国战国时代的著述《管子》中说："水者，地之血气……集于天地，而藏于万物，产于金石，集于诸生……万物莫不以生。"公元前6—前5世纪被尊为希腊七贤之一的唯物主义哲学家泰勒斯认为水是万物之母。公元前3世纪古希腊著名的哲学家亚里士多德提出水、火、土、气四元素说。最早出现在我国春秋末年的《尚书》中的五行：金、木、水、火、土，其中也有水。

　　17世纪，比利时医生赫尔蒙试图用实验证明水是真正的元素。他将称量过的柳树苗栽培在事先烘干并称量过的泥土瓦罐中，浇雨水或蒸馏水，并在瓦罐上覆盖有孔洞的铁板，防止其他物质进入瓦罐。5年后，他烘干并称量泥土，发现只相差约2盎司（英制重量单位，1盎司＝28.349克），而柳树增加重量约164磅（1磅＝0.454千克）。于是，他得出结论：柳树增加的重量只能是由水产生的。当时，他认识不到绿色植物还吸收空气中二氧化碳气体，在日光下进行光合作用，产生它们所需要的营养物质。

　　直到18世纪，氢气和氧气被发现后才使人们逐渐认识水。氧气是在1771—1774年先后被瑞典化学家谢勒和英国化学家普利斯特里制得的。氢气是在1776年被英国化学家卡文迪许发现的。

1776年，普利斯特里将氢气通入封闭的含有空气的球形瓶内燃烧，火焰熄灭后，发现整个瓶内好像充满了分散得很细的白色粉末物质，像是白色的雾，而留在瓶内的空气变得完全有害了。

法国化学家马凯在得知这一情况后决定进行实验，检验氢气燃烧后产生的究竟是粉末，还是雾。他将一白色瓷碟放置在平静燃烧的氢气火焰上，没有发现任何一般火焰燃烧后留下的炭黑，而是清澈湿润的小液珠，他确定这是真正的水。

1778年，马凯又将氢气预先通过氯化钙干燥后燃烧，以免误认为形成的水是由于氢气中含有的水蒸气的凝结。结果得到的水在0℃时结冰，100℃时沸腾，无色，无味。

拉瓦锡

1783年，法国化学家拉瓦锡仍以怀疑的心态进行了水的合成和分解的实验。他在后来发表的论文中说：如果水真是氢气和氧气的化合物，必须进行实验。他设计了合成水的实验装置。氧气是由氧化汞通过加热制得，氢气是由铁分解水制得的。结果水积聚在容器内壁，下落并沉积在容器底部。

拉瓦锡设计分解水的实验是将铁屑放入一铁管中，加热铁管，通入水蒸气，铁被氧化，水被分解，放出氢气。

1783年11月12日，拉瓦锡在法国科学院召开的会议上宣布：水不是一种元素，而是由氧气和氢气组成的化合物。

1800年4月意大利物理学家伏特用小银圆片和小锌片相间重叠成小堆，并用食盐水或稀酸浸透的厚纸片把各对圆片相互隔开，创造原始的电池——电堆，此事传到英国后，伦敦皇家艺术学院解剖学教授、外科医生卡里斯尔和东印度公司官员、土木工程师尼科尔森共同组装了一套电堆，进行电解水的实验，并在当年7月发表联名报告，说明电解水的结果是产生氢气和氧气，水是由氢气和氧气组成的。紧接着不少人进行了同样的实验，得到的结论相同。

不少人进行了水的质量组成分析。1786年拉瓦锡得出氢与氧的质量比是1:6.61；1791年法国化学家富克鲁瓦和沃克兰共同得出1:6.17；1803年英国化学家、原子论创立者道尔顿得出 1∶5.66；1842 年法国化学家杜马得出 2∶15.96±0.007。

　　由于 19 世纪上半叶科学家对原子和分子的概念说法不一，原子量和分子量的测定各异，使得水的分子式写成 HO、H_2O_4 等等各式各样。直到 19 世纪 60 年代，水的分子式才逐渐被统一确定为 H_2O。

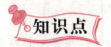 知识点

分子式

　　分子式是用元素符号表示物质（单质、化合物）分子的组成及相对分子质量的化学式。有些物质确实由分子构成，在分子内原子间以共价键联结，而分子间以范德华力或氢键联结，这些物质就具有分子式。

　　分子式不仅表示了物质的组成，更重要的，它能表示物质的一个分子及其组成（分子中各元素原子的数目、分子量和各成分元素的质量比）。所以分子式比最简式的含义广。

 延伸阅读

水与人体健康

　　水是生命的源泉。人对水的需要仅次于氧气。人如果不摄入某一种维生素或矿物质，也许还能继续活几周或带病活上若干年，但人如果没有水，却只能活几天。

　　人体细胞的重要成分是水，水占成人体重的 60%—70%，占儿童体重的 80% 以上。水有什么作用呢？

　　1. 水在细胞中主要是以游离态存在的，可以自由流动，加压易析出，易蒸发，称为自由水。它是细胞内良好的溶剂，成为各种代谢反应的介质。自由水在细胞中的含量越多，细胞代谢就越旺盛。一部分水和其他物质结合，不能自由流动，称为结合水。结合水含量越多，生物对不良环境的抗性就越

强，如：抗旱、抗寒等。

水摄入不足或水丢失过多，可引起体内失水，亦称为脱水。根据水与电解质丧失比例不同，分三种类型：

高渗性脱水：以水的丢失为主，电解质丢失相对较少。

低渗性脱水：以电解质丢失为主，水的丢失较少。

等渗性脱水：水和电解质按比例丢失，体液渗透压不变，临床上较为常见。

2. 人的各种生理活动都需要水，如水可溶解各种营养物质，脂肪和蛋白质等要成为悬浮于水中的胶体状态才能被吸收；水在血管、细胞之间川流不息，把氧气和营养物质运送到组织细胞，再把代谢废物排出体外，总之人的各种代谢和生理活动都离不开水。

3. 水在体温调节上有一定的作用。当人呼吸和出汗时都会排出一些水分。比如炎热季节，环境温度往往高于体温，人就靠出汗，使水分蒸发带走一部分热量来降低体温，使人免于中暑。而在天冷时，由于水贮备热量的潜力很大，人体不致因外界温度低而使体温发生明显的波动。

4. 水还是体内的润滑剂。它能滋润皮肤。皮肤缺水，就会变得干燥失去弹性，显得面容苍老。体内一些关节囊液、浆膜液可使器官之间免于摩擦受损，且能转动灵活。眼泪、唾液也都是相应器官的润滑剂。

迥异的碳氧化合物

空气中二氧化碳的含量大约占整个空气体积的 0.03%。一方面，它们来自人和动物的呼吸、煤和各种含碳化合物的燃烧、动植物遗体的腐烂以及火山爆发；另一方面，绿色植物在日光下进行光合作用时需要从空气中吸收很多二氧化碳。这样就使空气中二氧化碳能够经常保持一定的量。

但是，由于它无色、无味，和空气中的其他成分混杂在一起，来无影去无踪，所以一般人们不易认识它。不过，它总还是能在一些地方显露出来，如它在深井或深洞里聚集着，在许多矿泉水中冒出来，在酿酒的过程中产生。

在意大利那不勒斯附近有一个洞穴，叫狗洞，当人领着狗进入洞穴时，狗很快就晕倒了，人却安然无恙，但当人弯下腰去救自己的狗时，人也头晕了。在德国威斯特法伦州有一片稻泽，人在那儿走动没有关系，但鸟儿飞到沼泽地面寻食时，却会倒下死掉。这都是由于二氧化碳气体密度比空气大，大量聚集，沉积在洞底、地面上的缘故。这都是人们在认清它后才知道的事。

人们认清它首先从认识气体开始。

1644 年比利时医生赫尔蒙发表的著述中叙述到酿酒过程中有一种气体产生，并且认识到把酸滴到贝壳上或是木炭在燃烧时，也会有气体产生。他创造"气体"一词。我们曾音译成"嘎斯"，日本译成"瓦斯"。

赫尔蒙列举了 15 种气体，实际上有些是相同的，有些也不知它指的是什么。例如"成风气"，看来是指空气；"野气"是指树林中的气体；他把燃烧木炭和其他可燃物质燃烧产生的气体称为"炭气"，这是指二氧化碳。他讲述了一次燃烧木炭产生的气体几乎使他中毒。这或者是由于产生的二氧化碳气体浓度太大，使他窒息，或者是由于产生一氧化碳气体使他中毒。当然，他当时是认识不到二氧化碳和一氧化碳的。

最早收集二氧化碳气体的可能是法国蒙彼利埃的化学教授维勒尔。1750年他在法国科学院的一篇报告中讲到矿泉水中含有一定量的"普通空气"，将它收集在一个湿润的皮囊中，称它为极丰富的空气。他还把用天然碳酸钠和盐酸制成的气体通入水中制成人造矿泉水，称它为充气的水。

到 18 世纪中叶，英国化学家布拉克进行煅烧石灰石的实验，精确测定重量。他将 120 格令（英国重量最小单位，1 格令 = 0.065 克）石灰石煅烧后生成 68 格令生石灰，重量减少了 52 格令。他认为失去的重量是一种气体，因为石灰石在煅烧后，除了生石灰外，没有

石灰石

留下任何其他物质。他又用实验证明生石灰的水溶液吸收了空气中的一部分气体，又重新变成石灰石，说明煅烧石灰石失去的气体存在于空气中。他又

将含有碳酸镁的菱镁矿煅烧，放出的气体和煅烧石灰石时所产生的气体相同。这种气体又正和石灰石以及菱镁矿在与酸作用时所放出的气体是同一气体。

布拉克研究了这一气体，发现它和人们呼出的以及物体燃烧时生成的气体也是同一气体。他认为这种气体原先是固定在石灰石和菱镁矿中，就把它称为"固定空气"。

1756 年，布拉克以《关于菱镁矿、石灰石和其他碱性物质的实验》为题，发表了他的实验结果和论点。从此，二氧化碳被称为固定空气。

1774 年，瑞典化学家柏格曼发表关于《研究固定空气》的长篇论说，叙述他测定二氧化碳的密度、在水中的溶解性、对石蕊的作用、被碱吸收的状况、在空气中的存在、水溶液对金属锌、铁的溶解作用等，称它为酸气。

1778 年，法国化学家富克鲁瓦发表论说，不同意将二氧化碳气体称为固定空气。他认为干燥的二氧化碳不被生石灰吸收，生石灰和二氧化碳必须有水才能结合，将二氧化碳又改称为白垩酸。

1787 年，拉瓦锡在发表的论述中讲述将木炭放进氧气中燃烧后产生白垩酸，肯定了白垩酸是由碳和氧组成的，又将白垩酸改称碳酸。由于它是气体，于是二氧化碳被称为碳酸气，要知道它不是碳酸的气体状态。

拉瓦锡在肯定二氧化碳由碳和氧组成的同时，测定了它含碳和氧的质量比，碳占 23.450 3%，氧占 76.549 7%。

到 1840 年，法国化学家杜马把经过精确称量的含纯粹碳的石墨放进充足的氧气中燃烧，并且用氢氧化钾溶液吸收生成的二氧化碳气体，计算出二氧化碳中氧和碳的质量分数比：72.734∶27.266。

用氧和碳的原子量 16 和 12 除这个气体中氧和碳的质量分数比，得出它们的原子个数比：

72.734/16∶27.266/12 = 4.54∶2.27

化成简单的整数比是 2∶1。

这就是说，在二氧化碳分子中，每含有 1 个碳原子，就必定含有 2 个氧原子。

但是，究竟有几个碳原子？或者说，究竟有几个氧原子？

这还要根据二氧化碳的分子量决定。

早在 1811 年意大利物理学家阿伏伽德罗就提出假说：在同一温度和压强

下，相同体积的任何气体都含有相同数目的分子。这就对测定气体物质分子量提出一条途径：

V 升 A 气体质量/V 升 B 气体质量 = n 个 A 气体分子质量/n 个 B 气体分子质量 = 1 个 A 气体分子质量/1 个 B 气体分子质量 = A 气体分子量/B 气体分子量

这就是说，一种气体物质的分子量与另一种气体物质分子量的比等于同温度同压强下两种气体（相同体积）的质量比。一种气体一定体积的质量与同体积另一种气体的质量比就叫作这两种气体的相对密度。

由于氢气是最轻的气体，因此最早用来作为比较其他气体相对密度的基准，并用来测定各种气体物质或易挥发的液体、固体物质的分子量。

用 D 代表某气体对氢气的相对密度，用 M_1 代表氢气的分子量，M_2 代表某气体的分子量，列成式子就是：

$M_2/M_1 = D$ 或 $M_2 = M_1 \times D$

氢的分子量等于 2，代入式中，就得到：

$M_2 = 2 \times D$

经过化学和物理学家们精确测定计算后，得出标准状况下，也就是在 0℃ 和 1 个大气压下，1 升二氧化碳气体重 1.977 克，1 升氢气重 0.089 88 克。

二氧化碳和氢气的相对密度是：

1.977/0.08988 = 22

二氧化碳的分子量就等于 2 × 22 = 44

即二氧化碳分子中只含有 1 个碳原子和 2 个氧原子时分子量为 1 × 12 + 2 × 16 = 44。

因此，得出二氧化碳的分子式是 CO_2，而不是 C_2O_4，也不是 C_3O_6 或其他。二氧化碳这一化学物质就这样被发现了，合理地被称为二氧化碳。

在二氧化碳气体产生过程中，往往混合有一氧化碳气体。

1781 年，英国化学家普利斯特里将白垩的粉末放进铁枪筒中加热，得到固定空气，混有一种可燃性气体，火焰呈现蓝色，不同于铁或其他金属与酸作用生成的可燃性气体（氢气）。他认为可能有一种可燃性物体存在于白垩中。1785 年、1794 年和 1799 年他重复实验，将木炭和铁屑预先煅烧除去水分后放进铁枪筒中加热，同样得到这一气体。他在测定这种气体的密度后，发现比金属与酸作用所得到的可燃性气体重，于是称这种气体为重可燃性气

体，以区别于氢气。

同时，1776年瑞典化学家柏格曼也进行实验，他加热草酸，也获得了一氧化碳气体和二氧化碳气体的混合物。

他指出，得到一半酸气，很容易被石灰水吸收；另一半气体燃烧产生蓝色火焰。

同年，法国医生拉松将氧化锌与木炭共同加热，放出一种可燃性气体，产生蓝色火焰，但将它和空气混合点燃时没有发生爆炸，不同于氢气与空气混合点燃时爆炸。

这样，一氧化碳气体因燃烧产生蓝色火焰而被发现。1801—1802年，英国一位军医克鲁克尚克进行实验将二氧化碳通过赤热的铁，得到重可燃性气体，测定了它的组成，是碳的一氧化物，称它为碳的气体氧化物。

一氧化碳对人体有毒害作用，是因它与人体血液中的血红蛋白结合，使血红蛋白失去输送氧气的功能，从而使人窒息致死。这个结论最早出现在英国医生贝多斯1796年出版的《基础化学》一书中。他指出静脉血暴露在一氧化碳气体中呈现粉红色，一氧化碳是极有害的气体。

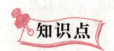 知识点

白垩

　　白垩，石灰岩的一种，主要成分是碳酸钙，是由古生物的残骸集聚形成的，白色，质软，分布很广，用作粉刷材料等。

　　白垩主要由单细胞浮游生物——球藻的遗骸（颗石）构成。球藻是一种植物性的鞭毛虫类，它有两条等长的鞭毛，体呈球状，大小为3—35微米，在其细胞表面覆盖的大量微小的石灰质壳就是颗石，为1—11微米大小的扁圆状或扁椭圆状，有时具喇叭状突起。此外也有把英国的上白垩系称为白垩的。有的地区称之为大白。

延伸阅读

二氧化碳的危害

现在地球上气温越来越高，是因为二氧化碳增多造成的。因为二氧化碳具有保温的作用，现在这一群体的成员越来越多，使温度升高，近100年，全球气温升高0.6℃，照这样下去，预计到21世纪中叶，全球气温将升高1.5—4.5℃。

海平面升高，也是二氧化碳增多造成的，近100年，海平面上升14厘米，到21世纪中叶，海平面将会上升25—140厘米，海平面的上升，亚马孙雨林将会消失，两极海洋的冰块也将全部融化。所有这些变化对野生动物而言无异于灭顶之灾。

二氧化碳在室外是全球变暖的元凶之一，在室内对人体健康及行车安全更是不容忽视的主因之一。生活当中二氧化碳是人类无时无刻不在制造却经常被忽略的气体，最近二三十年大众生活习惯的改变，尤其现代人害怕噪音再加上户外空气质量不佳，人们为求隔绝噪音并享受居住空间或办公室空调系统带来的舒适便利，长时间将室内窗户密闭以至于室内二氧化碳浓度含量远高于室外平均值，更有医学报导在冷气房内睡觉连续八小时，由于空气有充足对流，有助尘螨滋生，早上会出现鼻塞、皮肤红痒等"病态建筑物症候群"的症状。

氢化物的认识

我国民间曾传说，夜晚在荒郊野外会出现鬼火，西方也有相应的词，译成"鬼火"。一般认为这是人和动物的尸体在水下和土中腐烂后产生的磷化氢气体燃烧所发出的光。

早在1783年，一位法国不知名人士（吉根伯）将磷与氢氧化钾或氢氧化钠共煮后放出一种气体，在空气中自燃，称它为"可燃的磷气"。

1786年，英国皇家学会会员柯万，用同样方法获得同一气体。称它为

"对肝有影响的磷空气",认为这是"磷的气体状态"。

1793 年英国医生彼尔森将水作用于磷化钙,也获得了这一气体。而在 1790 年,法国化学家彼尔蒂埃通过加热亚磷酸（H_3PO_3）,获得一种气体,在空气中不自燃。于是出现了两种"磷空气"。法国化学家泰纳尔研究后确定,这是两种不同的磷与氢的化合物。

1826 年法国化学家杜马分析确定不自燃的气体分子组成是 PH_3,自燃的气体分子组成是 PH_2 或 P_2H_4,这可能就是鬼火。

白磷石

磷与氢氧化钾或氢氧化钠共热获得的是 PH_3。

纯净的 PH_3 在空气中的着火点是 150℃,不自燃,由于在反应中产生的气体内含有少量 P_2H_4,在常温时自动燃烧。

磷化钙与水作用后产生的也是 PH_3。

磷化钙是通过在密闭的容器中将生石灰与磷加热制得的。

PH_3 是无色气体,有似大蒜的臭味。P_2H_4 是无色液体,是制备 PH_3 过程中的副产物。

1835 年,法国化学家勒弗里埃还发现一种固体磷的氢化物,波兰研究磷化合物的专家斯托克确定它的组成是 $P_{12}H_6$,还有人发现 P_9H_2、P_2H_3 等不同分子组成的磷的氢化物。

砷是磷的同族元素,其氢化物与 PH_3 对应的是 AsH_3,这是瑞典化学家谢勒在 1775 年发现的。SbH_3 是德国化学家蒲法夫和英国化学家汤普森分别在 1837 和 1841 年制得的。

所有这些都是有毒的，AsH_3 是最强的无机毒物之一。1815 年德国药物化学家盖伦在进行砷化氢实验中中毒死亡，留在有关文献中。由于砷存在于许多酸和金属内，用这些酸和金属制取的氢气中必含有 AsH_3。这种氧气不可吸入体内。

不论西方还是我国古代小说里都有利用砒霜杀人的谋害案件。1837 年英国化学家马许创造出了一种检验方法：砒霜在酸溶液中用锌还原会生成砷化氢。

砷化氢与酸以及水都不作用，受热就分解成单质砷。

若将生成的砷化氢通过一细管口点燃燃烧。在火焰上覆盖冷瓷片，就会有一层分解出来的砷沉积着，很容易辨认。这种方法的灵敏度很高，据说可检出 0.000 1 毫克的砷。它不仅适用于检出一般无机化合物中含有的砷，也可以检测人体和其他生物体中的砷。

与磷、砷、锑同族的氮的氢化物 NH_3，一些人认为它是氢化物，也有一些人认为它是氮化物，应写成 H_3N，但也有人认为水（H_2O）是氧的氢化物。不过还是根据元素的电负性判断为好。氮的电负性比氢大，氧的电负性也比氢大，因此 NH_3 和 H_2O 都不应归为氢化物。磷、砷、锑、铋的电负性都比氢小，固而它们与氢的化合物就归入氢化物了。它们的氢化物往往又不称为氢化磷、氢化砷等等，而称为磷化氢、砷化氢等等。

同样，硅烷 Si_nH_{2n+2} 也不同于碳烷 C_nH_{2n+2}，它们可以归为氢化物。硅的电负性小于氢，而碳的电负性大于氢。

早在 1857 年，德国化学家武勒就制取出硅的氢化物，他将硅和镁在坩埚中加热制得硅化镁（Mg_2Si），然后使硅化镁与盐酸作用，生成氯化镁和多种硅烷的混合气体。穆瓦桑在 1902 年制得乙硅烷（Si_2H_6）。

在碳烷系列化合物出现后，化学家们就预料到硅烷的出现。可是硅烷与碳烷不同，它在空气中会自燃，因而制备和研究它都很

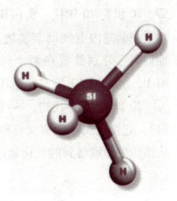

硅烷模型

困难。

20世纪初，斯托克创造出一种由玻璃制作的封闭的真空设备，他利用分馏技术，分离出 SiH_4、Si_2H_6、Si_3H_8、Si_4H_{10} 等氢化物，进行研究后得出结论，它们都比含相同数目碳原子的碳烷活泼。

不过，与碳烷相比，硅烷系列是相当有限的，而现在还不知道有双键或三键的与烯烃或炔烃相类似的硅氢化合物。

斯托克还研究了硼的氢化物。硼的氢化物是在1879年首先由英国化学家琼斯制得，是用硼化镁与盐酸反应生成的。发现稀有气体的英国化学家拉姆赛将反应中生成的硼氢化合物气体用液态空气冷凝，分析证明是混合物。最简单的硼氢化合物是 B_2H_6，而 BH_3 只是当 BH_3 和 B_2H_6 达到平衡状态时存在。

氢不仅能与非金属结合形成氢化物，也能与金属结合成氢化物。法国化学家穆瓦桑和斯米尔首先制得金属氢化物氢化锂（LiH），它是由金属在氢气流中加热至红热后形成。随后，他们用同样的方法制得氢化钠（NaH）和氢化钾（KH）。这些氢化物与磷等非金属氢化物不同，后者是共价型氢化物，前者是离子型氢化物，类似盐。

20世纪30年代，美国生产了多种金属氢化物，用于各种用途。例如锆的氢化物用于照相机的闪光灯泡中，钙的氢化物用于气象气球中，钛的氢化物用于汞炉中。

化学家们发现，氢化物在形成时释放热，分解时吸收热，可用来作为能源。20世纪70年代，美国伊利诺斯州阿尔贡国家实验室的工程技术人员设计了一套室内空气调节装置。就选用 $LaNi_5H_6$ 这一易化合和分解的氢化物，他们将它分别放置在两个封闭体系中，利用太阳能使一封闭体系中的 $LaNi_5H_6$ 分解，产生氢气，循环使用。

20世纪40年代初，一些金属氢化物被用来提取铀。铀是原子能的"燃料"。它使金属氢化物又与原子能联系起来。这是利用氢化钙（CaH_2）能使从铀矿中提取得到的氧化铀还原为金属铀的原理。

知识点

自　燃

　　自燃是指可燃物在空气中没有外来火源的作用，靠自热或外热而发生燃烧的现象。

　　自燃可分两种情况。由于外来热源的作用而发生的自燃叫作受热自燃；某些可燃物质在没有外来热源作用的情况下，由于其本身内部进行的生物、物理或化学过程而产生热，这些热在条件适合时足以使物质自动燃烧起来，这叫作本身自燃。

延伸阅读

氢的发现

　　早在16世纪，瑞士的一名医生就发现了氢气。他说："把铁屑投到硫酸里，就会产生气泡，像旋风一样腾空而起。"他还发现这种气体可以燃烧。然而他是一位著名的医生，病人很多，没有时间去做进一步的研究。

　　最先把氢气收集起来并进行认真研究的是英国的一位化学家卡文迪许。卡文迪许非常喜欢化学实验，有一次实验中，他不小心把一个铁片掉进了盐酸中，他正在为自己的粗心而懊恼时，却发现盐酸溶液中有气泡产生，这个情景一下子吸引了他，刚才的气恼心情全没了。他在努力地思考：这种气泡是从哪儿来的呢？它原本是铁片中的呢，还是存在于盐酸中呢？他又做了几次实验，把一定量的锌和铁投到充足的盐酸和稀硫酸中（每次用的硫酸和盐酸的质量是不同的），发现所产生的气体量是固定不变的。这说明这种新的气体的产生与所用酸的种类没有关系，与酸的浓度也没有关系。

　　卡文迪许用排水法收集了新气体，他发现这种气体不能帮助蜡烛的燃烧，也不能帮助动物的呼吸，如果把它和空气混合在一起，一遇火星就会爆炸。卡文迪许是一位十分认真的化学家，他经过多次实验终于发现了这种新气体与普通空气混合后发生爆炸的极限。他在论文中写道：如果这种可燃性气体的含量在 9.5% 以下或 65% 以上，点火时虽然会燃烧，但不会发出震耳的爆炸声。

随后不久他测出了这种气体的密度，接着又发现这种气体燃烧后的产物是水，无疑这种气体就是氢气了。卡文迪许的研究已经比较细致，他只需对外界宣布他发现了一种氢元素并给它起一个名称就行了，真理的大门就要向他敞开了，但卡文迪许受了虚假的"燃素说"的欺骗，坚持认为水是一种元素，不承认自己无意中发现了一种新元素，真是非常可惜。

后来拉瓦锡听到了这件事，他重复了卡文迪许的实验，认为水不是一种元素而是氢和氧的化合物。在 1787 年，他正式提出"氢"是一种元素，因为氢燃烧后的产物是水，便用拉丁文把它命名为"水的生成者"。

多彩的卤化物

卤素是成盐元素。

卤素不仅能成盐，而且它们是化学元素中最活泼的元素，能与多种金属、非金属以及原子团结合形成化合物，广泛分布在自然界中。

食盐学名氯化钠（NaCl），是卤化物中分布最广、最多的，也是人和动物必不可少的食物，因此人们发现它、制取它已有久远的历史。

盐　湖

我国汉朝末年文字学家许慎编著的《说文解字》中说道："古宿沙初作，煮海为盐。"宿沙是我国古代传说中的人物。他首先熬煮海水，提取食盐。到明朝末年我国福建、广东等省已利用日晒海水的方法（海水中含食盐大约3%）。我国西南地区是盐井和火井密集的地区，早在公元前250年我国秦代蜀郡守李冰就在四川开掘盐井，利用火井中的沼气熬煮井盐。我国新疆、内蒙古、青海和西藏等地有盐湖，有大量食盐堆积，为湖盐。

德国的施塔斯富特、英国的柴郡等地是世界有名的岩盐产地。现在已不用采掘，而是将水注入地下岩盐床，用泵汲上地面。无论从海水、井水、泉水、湖水还是从岩盐中取得的盐皆为粗制盐，都必须加工精制。

目前我国精制盐中还添加碘化钾（KI）和碘酸钾（KIO_3），一般按1：20 000—1：50 000与食盐均匀混合。所制成的加碘盐，可防治甲状腺肿大等病症，提高人体健康水平。

氯化钠在当今世界上作为食用已退居第三位，第一位是用于工业，制取氯气和氢氧化钠等，第二位是用于融化公路和街道的积雪，这是根据氯化钠溶液的凝固点低于溶剂的凝固点原理，阵雪后撒下盐水或盐，成为盐溶液，饱和食盐水溶液的凝固点在摄氏零下20多度，可避免雪水结冰。

1809年，英国化学家戴维发现金属钠和钾后，将它们分别与氯气作用，产生氯化钠和氯化钾，充分证明食盐是钠与氯的化合物。戴维在实验中认识到钾在氯气中自发燃烧成氧化钾，而钠在氯气中需要强热后才形成氯化钠。

氯化钾（KCl）主要从光卤石（KCl·$MgCl_2$·$6H_2O$）中提取，1856年，光卤石由德国化学家罗斯首先发现。

含氟化物的天然矿石——萤石（氟化钙）因在黑暗中摩擦发出绿色荧光而得名。早在16世纪时，在欧洲它就被记述在矿物学的著述中。当时这种矿石被用作熔剂添加在熔炼的矿石中以降低熔点。

戴 维

1670年，德国一位艺术家施万哈德发现萤石与硫酸的混合可以用来刻画玻璃。用法是先在玻璃面上涂敷一层蜡，再在蜡面上刻画花纹，深至玻璃，然后涂敷此混合液。经过一段时间后加热熔去蜡，用水冲洗，玻璃面上即出现花纹。这是利用萤石与硫酸作用生成的氢氟酸，它与玻璃中的组成成分硅酸盐、二氧化硅等反应。

17 世纪欧洲的药剂师和化学家们利用熟石灰和食盐或氯化铵作用，制得氯化钙，称为固定盐，表示它不易挥发，稳定。德国数学教授洛维茨在 1793 年首先利用冰和氯化钙的混合物作为冷冻剂。将氯化钙的六水合物与冰按 $1.44:1$ 的比例混合可冷却到 $-54.9℃$。

1774 年，瑞典化学家谢勒首先制得氯化钡（$BaCl_2$）。他发现，软锰矿中除含有二氧化锰外，还含有钡的化合物。他制取了硝酸钡和氯化钡，并发现它们与硫酸以及硫酸盐作用后会生成白色沉淀，可以用来检验硫酸盐。后来人们在接触钡的化合物时认识到氯化钡有毒，所以现今用来作为杀虫剂。

氯化铵（NH_4Cl）早被人们所熟悉。古埃及人就已知鸟粪、天然食盐、光卤石矿和动物排泄物中都含有它。氨的发现正是由它而来。公元 659 年我国唐朝颁布的《新修本草》中记述着："硇砂以柔金银，可为汗药。"这里的"硇砂"就是指氯化铵，"汗药"就是焊药。因为氯化铵能与金属表面氧化物作用，除去氧化物后，可使金属焊接牢固。我国古医药书籍中还指出它可作为祛痰药，一直沿用至今。

另一古老的氯化物药剂是氯化汞（$HgCl_2$）和氯化亚汞（Hg_2Cl_2），这是中外古药学家们和炼金术士们实验操作的成果，是他们对汞这个"奇异"金属研究的收获。

氯化汞在我国古药学书籍中称为粉霜等，因它是白色结晶体或粉末。因西方古代称它为"腐蚀的升华物"，所以又称升汞。它易溶于水，剧毒，用作消毒、防腐、杀虫药。

氯化亚汞在我国古籍中又称轻粉等。它的外形与氯化汞相似，也是白色晶体或粉末。因它有甜味，又名甘汞。它与氨接触或长期见光会缓慢析出金属汞而变黑。它难溶于水，无毒，医药上用作轻泻剂。

有人认为，我国 4 世纪东晋时代就已出现粉霜、轻粉，但明确叙述制取方法是在 10 世纪宋朝建立的年代，用汞、食盐、绿矾等混合加热生成。绿矾是硫酸亚铁，受热能生成硫酸，与汞作用而生成硫酸汞，再与食盐作用而转变成氯化汞。

氯化汞与汞作用可得氯化亚汞。

17 世纪的法国药剂师勒弗夫和贝甘等人制取氧化汞和氯化亚汞也是通过加热汞、绿矾、食盐等方法。

西方药剂师们还利用锌、锡、锑、铁等活动金属取代氯化汞中的汞而得到相应的金属氯化物，把它们称为锌黄油、锡黄油等。德国医生利巴威乌斯制取的四氯化锡称为发烟液，因它易被空气中湿气水解而冒烟。

绿 矾

公元 657 年我国唐朝颁行的《新修本草》中有一段记述："以光明盐、砒砂、赤铜屑酿之为块，绿色。"这里所说的"光明盐"是食盐，"砒砂"是氰化铵，"赤铜"是纯铜，把它们混合在一起放置在空气中，可以得到绿色物质氯化铜（$CuCl_2$）。

1811 年 10 月，法国化学家杜隆在研究氯气对氨的作用时意外地发现了所生成的三氯化氮（NCl_3），因发生爆炸，他受到伤害。1812 年 10 月，他继续进行这一实验，结果同样发生爆炸，这次使他失去一只眼睛和两个手指。三氯化氮是一种黄色油状液体，有刺鼻臭味，在空气中能迅速蒸发，极不稳定，95℃左右或在日光照射下即可发生爆炸。

1771—1774 年，谢勒通过实验将软锰矿（MnO_2）与盐酸作用首先制得氯气。由于当时受拉瓦锡创立的一切酸中皆含有氧的错误理论影响，盐酸被认为是一种盐酸基和氧的化合物。盐酸基用 Mu 表示，盐酸就成为 MuO。氯气被认为是盐酸被氧化的产物，成为 MuO_2。

1798 年戴维试图检验氯气中是否含有氧。他将磷放进氯气瓶中燃烧，结果在瓶顶聚集了白色升华物，在瓶颈周边滴下像水一样清澈的液体。经分析确定这种白色升华物是五氯化磷（PCl_5），它具有吸湿性，有刺鼻臭味，刺激眼睛和黏膜；清澈液体是三氯化磷（PCl_3），它能在潮湿空气中迅速分解，生成亚磷酸和氯化氢，产生白烟，强烈刺激皮肤。

磷与氯直接化合生成三氯化磷，当过量的氯对三氯化磷作用时就生成五氯化磷。戴维没有得到磷的氧化物，纠正了酸必含有氧的理论。

1804 年和 1807 年，英国化学家汤姆森和法国化学家贝托莱分别将氯气通过加热的硫黄，获得硫的氯化物。经测定它是一氯化硫，根据它的分子量确定分子式是 S_2Cl_2。这是一种黄色液体，具有刺激性气味，在潮湿空气中水解，生成亚硫酸、盐酸和硫。

将氯气通入一氯化硫中，在冰中冷却得到石榴红色的二氯化硫。

继续将氯气对一氯化硫作用，在 −22℃时得到红色的四氯化硫。

1821 年，英国化学家法拉第制取了两种碳的氯化物。一种是在日光下将氯气通入荷兰油【二氯乙烷（$C_2H_4Cl_2$）】中得到碳的过氯化物 C_2Cl_6。他将此过氯化碳蒸气通过红热的管子，得到液体的碳的原氯化合物 C_2Cl_4。

另外，他在 1821 年还鉴定了芬兰化学家居林制得的又一种碳的氯化物 C_6Cl_4。

1839 年，法国化学家勒尼奥制取了一种新的有毒的液体碳的化合物——四氯化碳（CCl_4），它是在日光下将氯气与煮沸的一氯甲烷 CH_3Cl 作用生成的。德国化学家柯尔比在 1843 年指出，氯气与二硫化碳作用，也生成四氯化碳。这是在碘或氯化铅的催化作用下生成的。

光气学名碳酰氯（$COCl_2$），是一种无色具有烂干草气味的气体。第一次世界大战中曾被用作窒息性毒气，是制造医药、农药的原料。它是在 1812 年由 H. 戴维的堂弟 J. 戴维首先制取的，由一氧化碳和氧气的混合气体曝晒在日光下生成。

李比希

与碳酰氯相似的是亚硝酰氯（NOCl），1848 年盖吕萨克鉴定它是硝酸和盐酸混和反应的产物，也就是王水的产物，是由 2 个体积的一氧化氮和 1 个体积的氯气的混合气体曝晒在日光下生成的。

一些氯的有机化合物在 19 世纪 30 年代也先后出现。1831 年德国化学家李比希将氯气通入酒精中，获得一种有刺激性气味的油状液体，称它为氯乙醇。1869 年法国化学家佩尔索纳鉴定它是三氯乙醛的水合物 $CH_3CHO·H_2O$，是一种安眠药。三氯乙醛很易水合。

李比希在制得三氯乙醛后，将它与碱反应，又得到一种新的挥发性带甜味的液体。他认为这是碳的氯化物，测定它的化学式为 C_2Cl_5。同时德国另一位化学家索贝兰将酒精与漂白粉共同蒸馏，得出同一挥发性带甜味的液体，定义它的化学式是 CH_2Cl_2。1834 年，杜马测定了这一挥发性液体，给出它的正确化学式是 $CHCl_3$，我们称之为三氯甲烷或氯仿。

同年美国医生古斯里也用酒精与漂白粉作用制得氯仿，称它为"甜威士忌酒"。氯仿有麻醉效果，用于妇女分娩中。氯仿在光的作用下会被空气氧化成剧毒的光气（$COCl_2$）。可以在氯仿中加入 1%—2% 的乙醇，使生成的光气转变成碳酸二乙酯【$(C_2H_5)_2CO_3$】，从而消除光气。

杜马在 1838 年还将氯气与乙酸作用首先制取了三氯乙酸（CCl_3COOH）。

知识点

《说文解字》

《说文解字》，简称《说文》。作者是东汉的经学家、文字学家许慎（献给汉安帝）。《说文解字》成书于汉和帝永元十二年（100 年）到安帝建光元年（121 年）。《说文解字》是我国第一部按部首编排的字典。

《说文解字》开创了部首检字的先河，后世的字典大多采用这个方式。段玉裁称这部书"此前古未有之书，许君之所独创"。

延伸阅读

食盐过多的危害

1. 食盐过多会引起高血压：据专家调查，吃盐量与高血压发病率有一定关系，吃盐越多，高血压发病率越高。这是因为盐在某些内分泌素的作用下，能使血管对各种升血压物质的敏感性增加，引起细小动脉痉挛，使血压升高，而且还可能使肾细小动脉硬化过程加快。同时盐又有吸收水分的作用。如果盐积蓄过多，水分就要大大增加，血容量也会相应增加，再加上细胞内外的钾、钠比例失调，使红细胞功能受到损害，血流黏滞，流动缓慢，加重了血液循环的工作负担，导致血压的进一步升高。

2. 食盐过多会引起水肿：由于食盐过多，使钠在体内积累，而钠具有亲水性，所以引起水肿，并增加肾脏的负担。

3. 食盐过多会引起感冒：高浓度的钠盐有强烈的渗透作用，会影响人体细胞的抗病能力。过量食盐，一是使唾液分泌减少，以致口腔的溶菌酶也相应减少，使病毒在口腔里有了着床的机会。二是由于钠盐的渗透，上皮细胞防御功能被抑制，较大地丧失了抗病能力。感冒病毒很容易通过失去了屏障作用的细胞侵入人体，所以易使人患感冒，而且咽喉炎、扁桃腺炎等上呼吸道炎症也常会发生。

硫酸盐的研究

一些化学书中讲到硫酸钠时会称它格劳伯盐，讲到硫酸镁时又会称它爱普森盐。这是因为近代化学是从西欧传来的。

公元前后 100 年间成书的《神农本草经》中就讲到硫酸钠的结晶体 $Na_2SO_4 \cdot 10H_2O$，称它为"朴硝"，说它"能化七十二石"。这是指硫酸钠在较高温度下能熔化一些硅酸盐岩石。"七十二"只不过形容多而已。

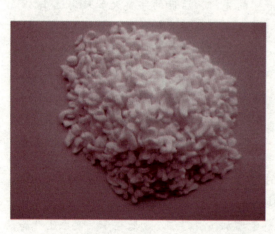

硫酸钠

李时珍在他编著的《本草纲目》中讲到硫酸钠说："朴硝……此物见水即消，又能消化诸物，故谓之硝。生于盐卤之地，状似末盐。凡牛马诸皮，须此治熟，故今俗有盐硝、皮硝之称。煎炼入盆，凝结在下粗朴者为朴硝，在上有芒者为芒硝，有牙者为马牙硝。"这里的"消"就是"溶解"的意思。我们曾用它鞣制皮革。

我国唐朝人甄权（541—643）编著的《药性本草》中讲到"苦硝"，就是指硫酸镁的结晶体 $MgSO_4 \cdot 7H_2O$。它味苦，有下泻作用，故又称泻盐。

格劳伯是 17 世纪人，出生在德国，没有接受过正规教育。自学化学、医药知识，周游欧洲各国后窟居荷兰，建立起自己的实验室，经营化学药品和医学用品。1624—1625 年，他在奥地利维也纳附近的一种矿泉水中结晶析出硫酸钠结晶体 $Na_2SO_4 \cdot 10H_2O$，称它为怪盐，后来他自命名为"格劳伯盐"。他将它放在火上焙烧，结果质量减小，这是因为失去了结晶水。他将它用于医药（或外敷或内服），称它为泻剂。当时，他已经知道用食盐和绿矾油（硫酸）可以制取它。

爱普森是英国伦敦南郊一个村庄的名字。1618 年，英国一位医生维克利用这个村庄附近一处矿泉水医治外部溃疡，因此而闻名。1695 年又一位医生格纽将此矿泉水蒸发，鉴定它的主要成分是硫酸镁，并称它为爱普森盐。

在我国《神农本草经》中记述的还有石胆、石膏、白矾等硫酸盐。

书中讲到石胆时说"能化铁为铜。"这就是说，在公元 1 世纪左右或者更早，我国的人们就已经知道铁能置换铜盐中的铜了。

石胆又名胆矾或蓝矾，因它颜色似胆而得名。它是硫酸铜的五水结晶体（$CuSO_4 \cdot 5H_2O$）。将铁片投入它的溶液中，能将铜置换出来。

我国北宋时代的学者沈括（1031—1095）在他写的《梦溪笔谈》一书中叙述道："信州铅山县有苦泉，流以为涧。挹其水熬之，则成胆矾，烹胆矾则成铜。熬胆矾铁釜，久之亦化为铜。水能为铜，物之更化固不可测。"文中"信州铅山县"在今江西省上饶一带；"挹"就是舀，"挹其水"就是把水舀出来。沈括对这种化学变化只是感叹，感到惊奇，我国北宋年间劳动人民已经利用这一化学变化进行水法炼铜，获得成斤的产量。

石膏在我国古医药书籍中又称寒水石、细理石，用作解热、止渴药。

1735 年，法国一位化学实验演示员博尔杜克首先确定石膏的化学组成是石灰的硫酸盐，也就是硫酸钙。当时钙还没有作为一种化学元素被发现。

石膏因含结晶水不等而性能各异，天然产硬石膏为无水物 $CaSO_4$，普通石膏为二水合物 $CaSO_4 \cdot 2H_2O$，加热到 120℃ 左右失去 1.5 分子水，形成所谓半水合物（$CaSO_4$）$_2 \cdot H_2O$。它与少量水结合逐渐硬化并膨胀，故可铸造模型和雕像。它又称烧石膏或巴黎石膏，是因巴黎塞纳河北岸地区蒙马特尔堆集了大量雕塑用的石膏而得名。

白矾又称明矾，是通过焙烧矾石获得的。我国宋朝药学家苏颂（1020—1101）编著的《图经本草》中明确指出："矾石初生皆石也，采得烧碎煎炼，乃成矾也。"

白　矾

白矾在我国很早就用于染色、净水中，在医药中用作收敛剂。因为白矾中硫酸铝在水中水解后生成氢氧化铝胶体，能被染色的织物纤维吸附，也吸附水中一些悬浮物。它也能中和酸，因而也用在一些医治胃酸过多的药剂中。

另外，白矾还能与面粉发酵产生的酸作用，产生二氧化碳气体，因此应用在我国传统的食品炸油条中，既中和了酸，又使炸出的油条膨松适口。如果当制作者不慎加多了白矾，就使炸出的油条带涩味了。

1797 年，法国化学家沃克兰首先肯定白矾不是一种简单的铝的硫酸盐，还含有钾的硫酸盐。它是硫酸铝钾【$K_2SO_4 \cdot Al_2(SO_4)_3 \cdot 24H_2O$】。

1602 年，意大利波罗拉城一位制鞋工人卡西奥劳罗将一种重晶石与可燃物一起焙烧后发现它在黑暗中发荧光，称它为太阳石，后来又称它为波罗拉石，引起一些研究者们的注意。瑞典乌普萨拉大学化学教授瓦勒里乌斯认为重晶石是一种石膏。

1750 年德国化学家马格拉夫又证明它是硫酸钙。到 1774 年瑞典化学家谢勒指出，把这种石头认为是石膏（硫酸钙）或方解石（碳酸钙）都是不正确的。他认为那是一种新的氧化物与硫酸结合成的。同年他从软锰矿中发现了这一新氧化物，并制成硝酸盐和氯化物，将它们与硫酸作用，生成白色沉淀，正是这种重晶石。后来戴维电解重晶石，获得金属钡，确定重晶石的化学成分是硫酸钡（$BaSO_4$）。

硫酸钡在焙烧中会生成硫化钡。碱土金属硫化物是会产生磷光现象的，即它们受到光的照射后在黑暗中会继续一些时间。

硫酸钡用作白色涂料，称为钡白，在橡胶和造纸工业中用作填充剂。多数钡盐是有毒的，但硫酸钡是例外，它既不溶于水，也不溶于酸或碱，因而它不会产生有毒的钡离子。它具有阻止放射线通过的能力，因此在利用 X 射线检查肠胃中存在的病变时，医生会让你服用它，吃一顿钡餐。硫酸钡没有任何气味。服用后会自动排出体外。

硫酸亚铁（$FeSO_4 \cdot 7H_2O$）又称绿矾、皂矾、青矾，在我国最早出现在宋代的《图经本草》中："置于铁板上，聚炭封之，囊袋吹令火炽，其矾即沸流出。色赤如融金汁者是真也。看沸定汁尽，去火待冷，取出挼为末，色似黄丹。"文中"囊袋"是鼓风用的皮囊，"挼"是用两手揉搓。全文讲说了绿矾的受热分解反应。

西方很早就将它蒸馏制得硫酸。

Fe_2O_3 是棕红色，与文中"黄丹"相近。

我国很早就使用绿矾与鞣酸结合生成的黑色染料。天然产的绿矾很少，我国古代多数是从焙烧黄铁矿取得。

黄铁矿在空气中长期氧化也可能生成绿矾。将这种矿石溶解于水中后，硫酸亚铁溶解，蒸发后结晶析出，显现玻璃状，因此在西方引用拉丁文"玻璃"命名它，正是我国的"矾"。

硫酸亚铁的晶体与铍、镁、锰、锌、镉、铬、钴、镍的硫酸盐晶体是同晶型的，它们都含有7

黄铁矿

分子结晶水，因而共称为矾，因显现色不同，而被称为蓝矾、绿矾等。蓝矾是指硫酸铜。它正常的结晶体含5分子结晶水，但它也有与绿矾同晶型的含7分子结晶水的结晶体，是在它与铁、锌或镁的硫酸盐混合结晶时产生的。

硫酸锌的7分子水结晶体称为白矾或皓矾。17世纪法国医生勒费夫用它的水溶液作为洗眼液。

1799年法国化学教授、医生乔舍埃将二氧化硫与硫化钠作用，获得一种含硫、氢、氧和钠的化合物，称它为钠的硫氢化合物。同年，沃克兰利用硫与亚硫酸钠反应，也制得了它。1819年英国天文学家 C. L. 赫歇尔的儿子 J. F. W. 赫歇尔也制得这一化合物，正确测定了它的分子组成，并发现它能溶解沉淀的氯化银，被用来作为照相的定影液，称它为次亚硫酸盐，简称海波，正是今天的硫代硫酸钠（$Na_2S_2O_3 \cdot 5H_2O$）。

《本草纲目》

　　《本草纲目》是由明朝伟大的医药学家李时珍（1518—1593）为修改古代医书中的错误而编，他以毕生精力，亲历实践，广收博采，对本草学进行了全面的整理总结，历时29年编成。

　　《本草纲目》共有52卷，载有药物1 892种，其中载有新药374种，收集药方11 096个，书中还绘制了1 160幅精美的插图，约190万字，分为16部、60类，是我国医药宝库中的一份珍贵遗产，是对16世纪以前中医药学的系统总结，本书17世纪末即传播，先后译成多种文字，对世界自然科学也有举世公认的卓越贡献。

硫酸盐的危害

　　1. 对环境的危害

　　环境中有许多金属离子，可以与硫酸根结合成稳定的硫酸盐。大气中硫酸盐形成的气溶胶对材料有腐蚀破坏作用，危害动植物健康，而且可以起催化作用，加重硫酸雾毒性；随降水到达地面以后，破坏土壤结构，降低土壤肥力，对水系也有不利影响。

　　2. 对人的危害

　　硫酸盐经常存在于饮用水中，其主要来源：地层矿物质的硫酸盐，多以硫酸钙、硫酸镁的形态存在；石膏、其他硫酸盐沉积物的溶解；海水入侵，亚硫酸盐和硫代硫酸盐等在充分曝气的地面水中氧化，以及生活污水、化肥、含硫地热水、矿山废水、制革、纸张制造中使用硫酸盐或硫酸的工业废水等都可以使饮用水中硫酸盐含量增高。

　　在大量摄入硫酸盐后出现的最主要生理反应是腹泻、脱水和胃肠道紊乱。

人们常把硫酸镁含量超过 600mg/L 的水用作导泻剂。当水中硫酸钙和硫酸镁的质量浓度分别达到 1 000mg/L 和 850mg/L 时，有 50% 的被调查对象认为水的味道令人讨厌，不能接受。

广泛存在的硅酸盐

硅是一种仅次于氧存在于地壳中的最丰富的化学元素。它与氧不同，在自然界中无单质状态存在，全部以化合物状态存在。如果说碳是组成一切有机生命的基本元素，那么硅对地壳来说，占有同样的地位。因为地壳的主要部分是由含硅的岩石层构成的。这些岩石几乎都是由硅石和各种硅酸盐组成的。

长石、云母、黏土、辉石、角闪石等都是硅酸盐类，水晶、玛瑙、碧石、石英、沙子等都是硅石，因此人类从石器时代开始就使用它们，但一直到 19 世纪初，硅被发现后才逐渐认清它们的化学面貌。

在史前早期，人们已经使用黏土烧制陶器、瓷器。我国是烧制瓷器最早的国家。欧洲人为了了解瓷器的烧制，1580

长 石

年西班牙一位传教士门多沙来到我国江西景德镇，才知道烧制瓷器的黏土叫高岭土，因最初在景德镇附近高岭地方发现而得名。于是高岭土传到了欧洲。它在纯净状态是白色，一般呈灰色或淡黄色，化学成分是 $Al_2O_3 \cdot 2SiO_2 \cdot 2H_2O$。

我国古代劳动人民早在 2 500 年前已发现石棉，古代文献中称为不灰木，织成的石棉布称为火浣布。4—5 世纪晋朝人假托列御寇撰写的《列子》一书中记述了火浣布：

火浣之布，浣之必投于火，布则火色，诟则布色。出火而振之，皓然疑乎雪。

这段话的意思是：洗石棉布要用火洗，把石棉布放入火中，它是火红色，把布从火中取出后像雪一样白。

1720 年，俄国人在乌拉尔地区发现石棉矿，叫作石亚麻。有一个商人开了一家石棉制品厂，生产石棉布、石棉袜、石棉手套、石棉手提包等，是石棉投入工业的最初尝试。实际上，石棉是含镁的硅酸盐（$3MgO \cdot 2SiO_2 \cdot 2H_2O$）。

云　母

云母和滑石也是含镁的硅酸盐，在我国古代文献中分别称为元石、云朱赤和脆石、冷石等。

云母在我国商业中又称千纸，用作电绝缘材料。1822 年德国化学家 H. 罗斯分析了它。它有白云母（铝云母）【$H_2KAl_3(SiO_4)_3$】、黑云母（铁云母）【$(H，K)_2(MgFe)_2Al_2(SiO_4)_3$】、金云母（镁云母）【$(H，K)_3Mg_3Al(SiO_3)_4$】等之分。

滑石用于造纸、橡胶、涂料、纺织工业中的填充剂，是爽身粉、痱子粉的主要成分。化学成分是 $H_2Mg_3(SiO_3)_4$。

一些宝石和玉也是硅酸盐。

我国古代文献中记载着猫睛石、猫眼儿宝石，取名于这种宝石具有浓淡不同的彩色同心圆同同心椭圆圈，有的中间还呈现一道浅白光带，像猫的眼睛那样。它在今天有关矿物学的书籍中指的是金绿玉，或红金绿宝石。又如珇母绿，今天干脆叫作祖母绿，或球绿宝石、绿玉石，翠绿鲜艳。还有像海水那样蔚蓝的海蓝宝石，或称水蓝宝石、蓝晶。它们都是绿柱石的变种。

秘鲁和哥伦比亚大量出产绿柱石，印第安人把这些宝石开采出来，运到祭坛去供奉女神。埃及干旱的沙漠里有祖母绿，印度洋斯里兰卡的沙地里埋藏有金绿宝石。

18 世纪末，法国化学家沃克兰分析了绿柱石，确定是含铍的硅酸盐（$3BeO \cdot Al_2O_3 \cdot 6SiO_2$）。

我国古代把石之美者称为玉。春秋战国时代赵惠王的一位宦官得到一块

玉，说是"此玉置暗处自然有光，能
却尘埃，辟邪魅，名曰夜光之璧。若
置之座同，冬月则暖，可以代炉；夏
月则凉，百步之内，蝇蚋不入。"看
来这只是文学的描述。后来秦国国王
打算用 15 座城池换赵国的这块玉。
引出蔺相如的巧妙外交，使这块玉
"完璧归赵"。

1863 年，法国化学家达莫把玉分
为硬玉和软玉两类。硬玉即辉石，是
含钠的硅酸盐（$NaAlSi_2O_6$），软玉即
透闪石和阳起石两种矿物组成的集合
体，是含钙、镁、铁的复杂的硅酸盐
【Ca_2（Mg，Fe）$5Si_8O_{22}$（OH）$_2$】。

祖母绿标本

硬玉的颜色很多，有红、绿、
黄、白、灰、蓝、黑等。在我国古代，红色硬玉称翡，绿色硬玉称翠，如今
翠绿色硬玉已被统称为翡翠。纯绿色翡翠外观犹如雨洗冬青，凝翠欲滴，鲜
明清亮，是玉的精英。优质翡翠产在缅甸。

软玉质地细腻，硬度大而坚韧，抗压强度超过钢铁，磨光后具有油脂状
光泽。我国新疆昆仑山是著名的软玉产地。

石器时代

石器时代指人们以石头作为工具使用的时代，这时因为科技不发达，
人们只能以石头制造简单的工具。而随着时代的推进，人们对石器的研
制也在不断改进。根据工具的形状和使用的复杂程度，石器时代通常划
分为三个独立的阶段，即旧石器时代、中石器时代和新石器时代。

延伸阅读

玉石的品质鉴别

鉴定玉的品质，有六条标准，即"色、透、匀、形、敲、照"。

1. 色：玉以绿色为最佳，红、紫二色玉石的价值仅为绿色玉石的 1/5。玉当中若含红、紫、绿、白四色，称为"福禄寿喜"；若只含红、绿、白三色，则为"福禄寿"。色泽暗淡、微黄色的为下品。如果是单色玉，以色泽均匀的为好。

2. 透：透明晶莹如玻璃，没有脏杂斑点，不发糠、不发涩的为上品。半透明、不透明的玉，则分别称为中级玉和普通玉。在清朝和清朝以前，带有红、绿、白三种颜色的玉才称为翡翠玉。到了现代，翡翠玉泛指一般透明的玉。目前的翡翠玉以透明并带绿色的居多。

3. 匀：玉的色泽重在均匀，虽含白、绿但色泽不均匀的，则价值很低。

4. 形：玉石的形状可根据不同的审美要求，加工成不同的样式，无特殊标准。一般来说，玉石的个头越大越好。

5. 敲：玉当中常有断裂、割纹，一般不易观察到，如果用金属棒敲一敲，或者把玉轻轻抛在台板上，可以从声音的清浊辨出裂纹存在与否。声音越清脆越好。

6. 照：玉当中有肉眼不易发现的黑点、瑕疵，只要用 10 倍放大镜照一照，便可一览无余。

罕见的稀有气体化合物

1868 年，法国天文学家詹森和英国天文学家洛克耶同时从太阳光谱中发现第一个稀有气体氦。27 年后即 1895 年，英国化学家拉姆赛在地球上发现了它。拉姆赛在 1894—1898 年先后发现氩、氪、氖、氙，1908 年发现最后一个稀有气体氡。

1896 年，拉姆赛首先将当时发现的氦和氩排进元素周期表中，放置在卤素与碱金属之间。

1906 年，建立化学元素周期系的化学家门捷列夫生前最后一次修订元素周期表，把当时已发现的稀有气体排进元素周期表中，列为零族，表明它们的化合价为 0，也就是没有化合价，因为它们不与其他元素结合成化合物，它们是"懒惰"的一族。由此它们被称为惰性气体。事实上拉姆赛在发现氩后给它的命名就表示懒惰。

可是，早在 1902 年 7 月 24 日意大利卡里亚里大学化学教授奥多（1865—1954）写给拉姆赛的信中写道："门捷列夫元素分类中元素的化合价不仅按横的方向递变，也按竖的方向变化。"他认为放置在卤素与碱金属之间的惰性气体可能与其他元素结合成化合物，因为碘与卤素形成 ICl_3 和 IF_5，能与碱金属形成 KI_3 和 CsI_3，表明在斜线下的元素具有变价，Kr 和 Xe 可能出现化合物。

1902 年 8 月 4 日拉姆赛在给奥多的复信中写道："长时间以来我认为氪和氙可能比其他惰性气体更易与其他元素化合，但如何实现，我只得到 3—4 立方厘米的氪气，希望在下半年进行一些实验。"又说："这些气体，特别是氙，看来在高温下能够化合，不过这些化合物如果形成，也可能在较低温度下分解。这是无机化合物中完全未知的问题。"

1925 年，英国《皇家学会学报》刊出卢瑟福实验室研究人员波摩的文章，声称制得氡与钨、汞、碘、磷以及硫的化合物，但不是确定性的。

1932 年，德国《自然》杂志刊出安特劳波夫等人的文章，报道成功获得氙的氯化物。但是另一些人重复他们的实验时失败。一年后他们在同一杂志上刊登文章，承认他们的失败。

1933 年，美国《化学会杂志》刊出约斯特和卡耶的文章，指出氡和氟在放电中不发生任何反应，光化学作用也无效果。

不过，就在 1933 年，美国化学家、1954 年诺贝尔化学奖获得者鲍林根据离子半径，预言一些氪和氙的化合物 KrF_6、XeF_6、H_4XeO_6 等应是存在的。

一直到 20 世纪 60 年代，美籍英国化学家巴特利特和劳曼在加拿大不列颠哥伦比亚大学任教期间发现到六氟化铂（PtF_6）蒸气与氧气反应，生成固体化合物 O_2PtF_6。这是一个不寻常的发现，氧气转变成阳离子 O_2^+。不久巴特利特认为氙气（Xe）按同样情况也可以与 PtF_6 反应，因为氙的第一电离能为 12.13 电子伏特，比氧分子的第一电离能 12.2 电子伏特低。

电离能是指元素气态原子失去电子成为阳离子所需要的能量，失去第一个电子所需要的能量称为第一电离能，依此类推。电离能的大小不仅可以衡量元素气态原子失去电子能力的强弱，也可以表明元素通常易呈现的价态。现在氙的第一电离能比氧的第一电离能低，说明氙也能够甚至是较易与 PtF_6 反应。

巴特利特将氙气通入装有红色 PtF_6 蒸气的烧瓶中时，反应发生，橙黄色的烟充满烧瓶，固体物质沉积在烧瓶内壁。经分析确定固体是 $XePtF_6$。第一个惰性气体化合物诞生了。

1962 年 6 月《英国化学》发表 1962 年 5 月 4 日收到的巴特利特的报告。短短数百字，除说明他的实验结果外，还指出它是一个稳定化合物，不溶于四氯化碳，在室温下几乎不挥发，在真空中加热时升华，升华物遇水蒸气迅速水解，放出氙气和氧气。

一些化学家们进行了同样的实验，证实了巴特利特的报告，更证明氙不仅与六氟化铂反应，而且能与钌、铑、钚的六氟化物发生化学反应。

之后，美国阿贡国家实验室几位研究人员将氟与氙按 5:1 混合在镍制容器中加热，生成 XeF_4 的简单化合物。

这个结果公布后不久，XeF_2 利用光化学和加热的方法制得。同时 XeF_6 在美国三个实验室和南斯拉夫的一个实验室中制成。

很快一种爆炸性的氙的氧化物 XeO_3 和一种稳定性的氧氟化物 $XeOF_4$ 被发现。放射性氡在示踪实验中表明也能与氟反应。

1963 年美国淡泊大学格罗斯等人将氪和氟的混合物在 $-187℃$ 经受高压电流放电，得到四氟化氪，后来被其他人鉴定是二氟化氪（KrF_2）。

接着一系列含氪的化合物 $KrFSbF_6$、$KrFTaF_6$、$KrFSb_2F_{11}$ 等等相继出现。

第一个含氙氮键的化合物 $FXeN(SO_2F)_2$ 在 1973 年由美国堪萨斯州大学几位化学家制得。

较轻的氦、氖、氩的化合物尚未发现。氪化合物的稳定性具有边缘界限，例如 KrF_2 在 $0℃$ 以上就分解。氩的化合物可能在低温下激发制得，但可能是不稳定的。

现在已知约 200 种氙的化合物，包括卤化物、氧化物、氧氟化物、氟硫酸盐等。

惰性气体化合物的发现促使化学家们摘掉了它们"懒惰"的帽子，为化学家们开拓了一个新的研究领域，更冲击了关于原子结构最外层8电子的稳定性概念。

稀有气体化合物中的键表明它们和许多卤素化合物中的键相似，如ClF_3、BrF_3、BrF_5和IF_5等。

知识点

太阳光谱

太阳光谱是太阳辐射经色散分光后按波长大小排列的图案。太阳光谱包括无线电波、红外线、可见光、紫外线、X射线、γ射线等几个波谱范围。

利用太阳光谱，可以探测太阳大气的化学成分、温度、压力、运动、结构模型以及形形色色活动现象的产生机制与演变规律，可以认证辐射谱线和确认各种元素的丰度。利用太阳光谱在磁场中的塞曼效应，可以研究太阳的磁场。

延伸阅读

稀有气体的应用

随着工业生产和科学技术的发展，稀有气体越来越广泛地应用在工业、医学、尖端科学技术以至日常生活里。

利用稀有气体极不活泼的化学性质，有的生产部门常用它们来作保护气。例如，在焊接精密零件或镁、铝等活泼金属，以及制造半导体晶体管的过程中，常用氩作保护气。原子能反应堆的核燃料钚，在空气里也会迅速氧化，也需要在氩气保护下进行机械加工。电灯泡里充氩气可以减少钨丝的气化和防止钨丝氧化，以延长灯泡的使用寿命。

稀有气体通电时会发光。世界上第一盏霓虹灯是填充氖气制成的（霓虹灯的英文原意是"氖灯"）。灯管里充入氩气或氦气，通电时分别发出浅蓝色或淡红色光。有的灯管里充入了氖、氩、氦、水银蒸气等四种气体（也有三种或两种的）的混合物。由于各种气体的相对含量不同，便制得了五光十色的各种霓虹灯。人们常用的荧光灯，是在灯管里充入少量水银和氩气，并在内壁涂荧光物质（如卤磷酸钙）而制成的。

氦气是除了氢气以外最轻的气体，可以代替氢气装在飞艇里，不会着火和发生爆炸。

多种多样的链烃

烃是碳和氢的谐音，表明它是碳氢化合物。这是我国化学家们创造的具有中国特色的化学名词。

甲烷（CH_4）、乙烯（C_2H_4）、乙炔（C_2H_2）是三种最简单的烃，都是链烃，因为它们具有链状结构，以区别于具有环状结构的环烃。它们的命名同样具有中国特色。

甲、乙、丙、丁、戊、己、庚、辛、壬、癸称为天干，又称十干。它和地支（子、丑、寅……）自古代起用来表示年、月、日和时的次序，周而复始，循环使用。我们的化学家们用它来表示链烃中的碳原子数。烷、烯、炔确切地被用来表示氢原子的饱和程度。烷表示"完整"，碳是 4 价的，1 个碳原子与 4 个氢原子结合；烯表示"稀少"；炔表示"缺乏"。三者都用"火"旁，表示它们可以燃烧。

甲烷是植物腐烂的产物，存在于沼泽的淤泥中以及煤层与天然气中，又称沼气、煤坑气。公元前 1066—公元前 771 年我国西周初年占卜问卦的书《周易》中就有"象曰：泽中有火。"之句。"泽中有火"就是说沼泽中产生的沼气在燃烧。早在公元前 250 年我国秦代蜀郡守李冰就在四川开掘盐井，利用火井中的沼气熬煮井盐。后来历代文献中都有记述。可是我国古代人们只是提取和利用它，而没有分析、研究它。

意大利物理学家伏特分别在 1776 年 11 月 14 日、21 日、26 日和 12 月 8 日写给他的友人信中叙述了他发现甲烷的经过。他在意大利北部科摩湖的淤泥中收集到一种气体，当时他用木棍搅动淤泥，让冒出的气体气泡通入倒转过来的充满了水的瓶中，并将水排出，然后点燃这一气体，结果火焰呈现青蓝色，燃烧较慢，且它与 10—12 倍体积的空气混合燃烧爆炸，得出的结果不同于当时已经发现的可燃性空气（氢气）的燃烧。

1790 年，英国医生奥斯丁发表燃烧甲烷与氢气的研究报告。他称甲烷为重可燃性空气，氢气为轻可燃性空气。其区别是重可燃性空气燃烧的结果产生固定空气（二氧化碳）和水，而轻可燃性空气燃烧结果只产生水，因此他确定甲烷是碳和氢的化合物。

1804 年，英国化学家道尔顿也从沼泽中收集到甲烷，就此一位画家还为他绘制了一幅图画。这年 8 月 24 日他进行了甲烷与氧气混合燃烧爆炸的实验，测定了它的原子量为 6.3。当时他没有分子的概念，认为化合物的分子是由复合的原子组成，所以他以氢的原子量等于 1 作为测定原子量的标准。他没有测定出甲烷中碳和氢的原子个数比，认识到它含有大量的碳，就称它为"充满了碳的氢气"。

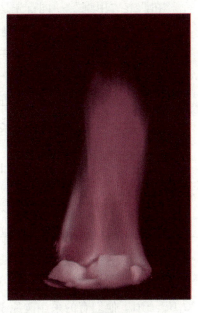

燃烧的甲烷

16—17 世纪欧洲各地的煤坑因灯焰进入坑内时常有爆炸事件发生。1812 年，英国港口城市泰恩河岸盖茨黑德煤矿发生爆炸，死 392 人。有人认为这是由于煤坑中存在一种煤坑气。英国化学家 T. 汤姆森确定煤坑气就是"充满了碳的氢气"。

英国"煤矿灾害事故预防协会"委托英国化学家戴维进行了防止爆炸事故的研究。戴维制成一种安全灯，将火焰围入金属丝网制成的罩中，使灯火产生的热量被金属丝网吸收，网外易爆气体的温度不会上升到燃点。

1839 年，法国化学家佩索茨在其发表的论说中讲到利用醋酸钠和氢氧化钠作用制得甲烷，他分析了它的化学组成，称它为四氢化碳，并给出它的化学式 C_2H_8（CH_4）。佩索茨制取甲烷的这种方法至今还应用在化学实验室中。

1856 年，法国化学家贝特洛将二硫化碳和硫化氢或水蒸气混合通过红热的铜，获得甲烷。

在西方"甲烷"一词首先是被德国化学家霍夫曼在 1866 年引用。

乙烯由荷兰化学家们首先制得和发现。

荷兰自然学家英根·豪茨在 1779 年发表的论说中谈到，他在 1779 年 3 月和 11 月亲眼看到荷兰化学家卡斯贝特森等人将酒精与绿矾油（硫酸）共同加热，放出一种气体，与普通空气或氧气混合燃烧发生猛烈爆炸。他们测定了这种气体比普通空气重，它与氢气、沼气、普通空气的密度比是 150：25：92：138。

荷兰化学家迪曼等人在 18 世纪末不仅发现至今化学实验室中所利用的硫酸使乙醇脱水制得乙烯的方法，还发现了将乙醇蒸气通入陶土或氧化铝催化剂获得乙烯的方法。他们测定了它的化学组成是碳和氢，并发现到它与氯气作用形成一种油状液体（氯乙烯），因而称它为"成油的碳化氢气"。这一物质传到法国后被改称"成油气"。

法拉第、贝齐里乌斯、T. 汤姆森等人分别给出它的化学式为 C_4H_4、C_4H_8、CH。他们有的采用碳原子量等于 6，有的采用等于 12。

乙炔俗称电石气，早在 1836 年就被发现。这年戴维的堂弟、爱尔兰港口城市科克皇家科克学院化学教授 E. 戴维在加热碳和碳酸钾试图制取金属钾的过程中，将残渣（碳化钾）放进水中，结果产生一种气体，并发生爆炸。因而确定它的化学组成是 C_2H（以碳的原子量等于 6 计算），称它为"新的氢的二碳化物"，以区别于化学家法拉第在 1825 年从鲸中所获得的碳和氢的化合物（苯）。

1862 年，法国化学家贝托莱将氢气通过两碳极间的电弧，使氢气和碳直接合成乙炔，确定它的化学式是 C_4H_2。

到 19 世纪 90 年代，法国化学家穆瓦桑创造了电炉，在电炉中将氧化钙和焦炭作用，制得碳化钙（电石）。碳化钙与水作用后生成乙炔，成为后来工业上制取乙炔的方法。

1892 年 5 月 4 日，一位居住在美国北卡罗来纳州斯普莱（现名艾顿）的加拿大公民、炼铝厂主威尔森将石灰和煤焦油混合物放置在电炉中作用，期望利用煤焦油中的碳还原出石灰中的钙，结果得到的是一种暗黑色脆的物质。他将这种废料倾倒进水中，产生大量气体。他点燃了这种气体，发出明亮的火焰，同时产生许多黑烟。他曾经学习过化学，意识到这种气体不是氢气，而是一种含碳的化合物的气体，否则不会产生黑烟。

他将样品送请北卡罗来纳州大学化学教授维莱布那里进行分析鉴定，结果确定黑色脆的物质是电石，产生的气体是乙炔。威尔森于1892年8月9日申请专利，并于10月3日将样品和一封信寄给英国物理学家 W. 汤姆森。

威尔森于1895年回到加拿大，得到一位银行家的资助，于1896年在安大略省默里顿建立碳化物工厂。最初生产的乙炔由于人们不知道如何使用，他分送样品和使用知识。接着他在英国、德国和美国先后建厂，1898年成立联合碳化物公司，从事生产乙炔发生器，很快乙炔成为矿用灯、桌灯、手提灯、标志灯、自行车灯和街道照明灯的燃料。

1895年初，法国化学家、冶矿工程师勒夏特列向法国科学院提交一篇论述，指出氧—乙炔火焰产生很高的温度，但是乙炔在压缩下被利用是危险的，会发生爆炸。1897年，法国化学家克洛德发现到乙炔很易被丙酮吸收溶解，盛装在钢瓶中可以安全使用。之后在1901年，法国弗塞兄弟完成气炬的设计。于是乙炔氧焰被广泛应用于金属割切和焊接中，使工业生产中许多零部件除了利用电弧割切和焊接外又有了简易的方法。

今天乙炔和甲烷、乙烯都来自石油化学加工，它们都成为合成塑料、化学纤维等的基本原料。

早在1867年，德国化学家埃伦迈尔就指出，乙烯分子中存在双键，乙炔分子中存在三键，建立了烷、烯、炔烃的分子结构。

贝特洛在1858年干馏蚁酸钡，获得甲烷、丙烯、乙烯，干馏醋酸盐，获得甲烷、乙烯、丙烯、丁烯和戊烯。1867年，他干馏苯甲酸盐，获得多种烃，并在1862年分析证明丙炔和乙炔的化学性质相同。确定它们是同系列。

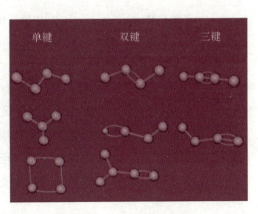

碳碳单键、双键与三键模型

1872年德国化学家肖莱马从干馏烛煤所获得的石脑油中分离出戊烷、己烷、庚烷，并在1863年从美国宾夕法尼亚产的石油中获得了它们。美国人从1859年开始在宾夕法尼亚开采石油。接着美国耶鲁大学化学教授小西尼曼分析确定石油是多种烃的混合物。就这样多种烃一个一个从石油中被分离出来。

法国化学家日拉尔在 1843—1845 年所著的《有机化学概论》中，把大量化合物排列成自称为同系物的系列，并把用简单的化学反应就能相互制取的乙醇、氯乙烷、乙酸之类的物质称为异系物的系列。

日拉尔还把这种分为同系列和异系列的分类方法比作按下述方式排列的一副纸牌，即把具有相同数值的纸牌摆在同一横排中，而把具有相同花色的纸牌摆在同一纵列中。前者相当于同系物系列，后者相当于异系物系列。如果缺一张牌，就知道它的位置、花色和数值。同系列化合物也是如此，如果系列不完全，不但知道所缺成员的组成和基本性质，还能找到它的制备方法。

他排列出烷系、烯系、炔系的同系物系列：

烷系同系物	烯系同系物	炔系同系物
C_nH_{2n+2}	C_nH_{2n}	C_nH_{2n-2}
甲烷 CH_4	——	——
乙烷 C_2H_6	乙烯 C_2H_4	乙炔 C_2H_2
丙烷 C_3H_8	丙烯 C_3H_6	丙炔 C_3H_4
丁烷 C_4H_{10}	丁烯 C_4H_8	丁炔 C_4H_6
……	……	……

第一个系列的成员称为饱和烃，其他两个系列称为不饱和烃。第一个系列的高级成员是固体，这是德国化学家赖辰巴赫从木焦油中发现的。他发现到它的化学性质不活泼，与其他化学物质几乎没有亲和力（化学反应），因而就称它们为"几乎没有亲和力"，后来演变成石蜡系。

第二个系列就按照它的第一个成员最初的名字命名成油气，称为烯烃系列。

石蜡烃系列与它们的衍生物形成一系列有机化合物，德国化学家霍夫曼又提出脂肪族化合物，以区别于芳香族化合物。

衍生物

母体化合物分子中的原子或原子团被其他原子或原子团取代所形成的化合物，称为该母体化合物的衍生物。衍生物命名时，一般以原母体化合物为主体，以其他基团为取代基。

如：卤代烃、醇、醛、羧酸可看成是烃的衍生物，因为它们是烃的氢原子被取代为卤素、羟基、氧等的产物。

又如：酰卤、酸酐、酯是羧酸的衍生物，因为它们是羧酸中的羟基被卤素和一些有机基团取代的产物。

沼气与甲烷

沼气是一种混合气体，它的主要成分是甲烷，其次有二氧化碳、硫化氢（H_2S）、氮及其他一些成分。沼气的组成中，可燃成分包括甲烷、硫化氢、一氧化碳和重烃等气体；不可燃成分包括二氧化碳、氮和氨等气体。在沼气成分中甲烷含量为55%—70%、二氧化碳含量为28%—44%、硫化氢平均含量为0.034%。

沼气细菌分解有机物，产生沼气的过程，叫沼气发酵。根据沼气发酵过程中各类细菌的作用，沼气细菌可以分为两大类。

第一类细菌叫作分解菌，它的作用是将复杂的有机物分解成简单的有机物和二氧化碳等。它们当中有专门分解纤维素的，叫纤维分解菌；有专门分解蛋白质的，叫蛋白分解菌；有专门分解脂肪的，叫脂肪分解菌。

第二类细菌叫含甲烷细菌，通常叫甲烷菌，它的作用是把简单的有机物及二氧化碳氧化或还原成甲烷。

因此，有机物变成沼气的过程，就好比工厂里生产一种产品的两道工序：

首先是分解细菌将粪便、秸秆、杂草等复杂的有机物加工成半成品——结构简单的化合物；再就是在甲烷细菌的作用下，将简单的化合物加工成产品——即生成甲烷。

高分子化合物的含义

高分子化合物实际上就是分子量大的化合物。水的分子量是18，二氧化碳的分子量是44，而高分子化合物的分子量高达几万，甚至几千万。

我们生活在遍布高分子化合物的世界中。我们吃的淀粉、蛋白质；穿的丝绸、棉花、化学纤维；住的用木材建造的房屋；甚至我们自身的机体，都是由高分子化合物组成的。只是化学家们在很长时期里认不清它们。

直到20世纪20年代初，德国有机化学家斯陶丁格在研究天然橡胶的组成和合成橡胶的过程中，才明确提出一群有胶体特性的物质，橡胶、纤维素、淀粉、蛋白质等，是由几千甚至几万个碳原子联结成长链的大分子。它们分子中的原子和水、二氧化碳分子中的原子一样，是由共价键结合的，不同的只是分子大小不一样。

斯陶丁格为了确立大分子学说，进行了分子大小的定量计算。他在广泛研究的基础上，发现分子大小与形成溶液的黏度有关，建立了大分子化合物的分子量与形成溶液黏度之间的关系式，即增比黏度与分子量大小及溶液的浓度成正比。

斯陶丁格还提出大分子化合物可以由不同方式生成，一种就是小分子聚合成聚合物。聚合物这一概念早在1832年瑞典化学家贝齐里乌斯就已经提出，当时是指乙烯和丁烯两种化学实验式相同但性质却不同的两种物质。

他把大分子化合物分为三类：一是自然界中存在的，如天然橡胶、蛋白质等；二是由自然物质转变而来的产物，如硫化橡胶、硝化纤维素等；三是合成的物质，如酚醛树脂、聚苯烯等。

斯陶丁格的大分子学说遭到当时一些化学家们的反对，因为当时从事纤维素、蛋白质等研究的化学家认为它是由一些小分子借分子间力结合的聚集体，胶体是由胶态分子团结合而成的。

德国化学家马克支持斯陶丁格的学说，他用 X 射线测定了纤维素等分子的结构，证实了斯陶丁格的论说。瑞典化学家斯维德贝格在 1924 年应用超速离心机测定了蛋白质的分子量，证明这些分子量比原来认为的高得多。

1929 年，美国化学家卡罗泽斯通过聚合反应合成聚酰胺，确定大分子中价键存在的真实性。他进而把聚合反应分为缩（合）聚（合）和加（成）聚（合）。缩聚反应是指许多相同或不相同的低分子物质形成聚合物，同时析出水、卤化氢、氨等小分子，例如乙二醇【HO（CH$_2$）$_2$OH】和癸二酸[HOOC（CH$_2$）$_8$COOH] 缩聚成聚癸二酸乙二醇酯。

加聚反应也是由许多相同或不相同的低分子物质形成的聚合物，但没有析出小分子，例如氯乙烯聚合成聚氯乙烯。

20 世纪 30 年代，卡罗泽斯的助手弗洛里从理论上对聚合物的分子结构与性质之间的关系进行了研究，并阐明了聚合反应的机理，并发表了多篇论说。从此，大分子化合物获得承认。斯陶丁格和弗洛里各获 1953 年和 1974 年诺贝尔化学奖。

"大分子化合物"一词在 20 世纪 30 年代传入日本后被译成"高分子化合物"，我国采用了这一译法。

知识点

纤维素

纤维素是由葡萄糖组成的大分子多糖，不溶于水及一般有机溶剂，是植物细胞壁的主要成分。纤维素是自然界中分布最广、含量最多的一种多糖，占植物界碳含量的 50% 以上。棉花的纤维素含量接近 100%，为天然的最纯纤维素来源。一般木材中，纤维素占 40%—50%，还有10%—30% 的半纤维素和 20%—30% 的木质素。

延伸阅读

高分子化合物的性质

高分子化合物分子中含有成千上万个原子。它们依照一定的规律排列起来，或者成为链状的线型分子，或者成为网状的交联体型分子，还有支链型。线型有伸直的，有蜷曲的。它们与其性质有关。高分子化合物的性质综合起来有五点：

第一，弹性。许多线型分子都具有不同程度的弹性。交联体型的高分子化合物如果交联不多，也可以伸长缩短，比如橡胶。但是高度硫化的硬橡胶交联很多，就失去了弹性。

第二，可塑性。线型高分子在加热到一定温度时就渐渐软化，可以放在模子里加压成一定式样，或是滚压成一定形状，冷却后式样不变，这种性质就是可塑性。有一些线型高分子化合物在加热成形时会转变成交联体型，再加热就不能软化了，失去了可塑性，这些高分子化合物叫作热固性高分子化合物。成形后再加热还会变硬的高分子化合物叫作热塑性高分子化合物。

第三，结晶性。低分子化合物因为分子小，容易排列整齐，所以容易结晶。高分子化合物每个分子都很长，又蜷曲，所以不能排列整齐，也就不能结晶。可是许多线型高分子化合物在被拉长时，各个分子链的链节和链节之间有些地方可以排列整齐而成结晶状态。像尼龙这些高分子化合物在熔融后从细孔里挤成细丝时，这些细丝并不坚韧。把它们拉长使之产生部分结晶后就具有相当大的强度。

第四，绝缘性。高分子化合物都不能传电，所以有很好的绝缘性，可以广泛用作绝缘材料。

第五，机械强度。许多高分子化合物可以用来做结构材料。

无机化学工业发展历程

无机物是无机化合物的简称，通常指不含碳元素的化合物。少数含碳的化合物，如一氧化碳、二氧化碳、碳酸盐、氰化物等也属于无机物。无机物大致可分为氧化物、酸、碱、盐等。

人类很早就开始了对无机物的制取和利用，如至少在公元前6000年，中国原始人即知烧黏土制陶器，并逐渐发展为彩陶、白陶、釉陶和瓷器。公元前5000年左右，人类发现天然铜性质坚韧，用作器具不易破损。后又观察到铜矿石如孔雀石（碱式碳酸铜）与燃炽的木炭接触而被分解为氧化铜，进而被还原为金属铜。由于最初化学所研究的多为无机物，所以近代无机化学也是建立在对无机化学研究基础上的。如今，无机化学工业早已经渗透到生产、生活的每一个领域，促进了社会进步，改造了自然，丰富了我们的生活。

玻璃的发明

传说古代居住在地中海东岸的腓尼基人在一次航海运送天然碱途中，傍晚将船停泊在海岸沙滩边，用船上的碱块和海岸边的石灰石块支架起锅壶，烧水作食，进行晚餐，第二天清晨，他们在灰烬中发现闪光晶莹的珠粒，由此发明了玻璃制造。这是根据制造玻璃的原料石灰石、纯碱和沙子编造出来的故事。不过腓尼基人确实在很早就能制得玻璃。他们在公元前 3 世纪就发明了用金属管沾取熔融的玻璃吹制玻璃瓶。

在沙滩上烧火是不可能把石灰石、纯碱和沙子烧熔使它们中所含的成分发生化学变化的。沙子的主要成分是二氧化硅（SiO_2），石灰石是碳酸钙（$CaCO_3$），纯碱是碳酸钠（Na_2CO_3）。它们发生化学变化后生成组成不定的不同硅酸盐的混合物。

玻璃是在烧制瓷器釉的基础上发现而发展起来的。

现今美国纽约大都会博物馆收藏着一个公元前 1501—前 1447 年埃及王托特摩斯三世墓中发掘出的玻璃杯。说明古埃及人在公元前 15 世纪或更早已制造出玻璃。

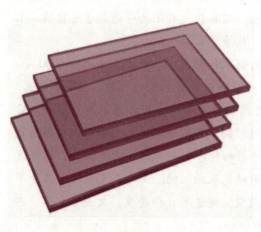

玻　璃

在 1—4 世纪的古罗马时代，玻璃制的日用品已广泛使用。为了促进玻璃工业的繁荣，有的罗马皇帝竟免征玻璃工业制造者的税金。

我国是最早制得瓷器的国家，但出土的玻璃器件很少见。1978 年湖北随县擂鼓墩战国墓中出土的成串玻璃珠，是公元前约 433 年的实物，是我国制造的。后来长沙汉墓出土的玻璃碗和南京象山东晋（317—383）王氏墓出土的玻璃杯可能是外传的。

清代宫中收到的贡品中有一类是来自西洋的玻璃制品，如花瓶、摆件、灯具等。1709 年（清代康熙四十八年），工部奉旨筹建了一个御用玻璃厂，雇请了 4 名可能是来自意大利的玻璃制造工人。此玻璃厂到道光、咸丰时期已逐渐衰落，因此在清朝前期，我国的玻璃器皿还是十分珍贵的，只有皇亲国戚家中才有。

玻璃真正为普通人民享用始于 19 世纪后期。19 世纪后期开始，建筑技术的巨大变化、电力工业的蓬勃发展以及新兴交通工具的涌现，需要大量窗玻璃、透明耐热的灯玻璃和透亮挡风的板玻璃，促使玻璃成为新的工业材料而迅速发展。

1908年美国人发明了平拉法，1910年比利时发明了有槽垂直上引法，使平板玻璃的生产不再依靠繁重的手工劳动。

1928年美国匹兹堡玻璃公司又发明了无槽垂直上引法，上引速度较有槽法高15%—30%。将熔融玻璃上引是利用另一玻璃与它熔合，经过一系列石棉滚筒拉引、滚压，成为连续不断的玻璃片。

1959年英国一家公司经过7年试验，花费400万英镑发明了浮法生产工艺，省略了磨光和抛光工序，降低了成本，提高了产量。浮法生产是将熔融的玻璃液流入熔融的金属锡槽中，浮在金属液面上，自然摊平。

1898年美国研制成第一部制瓶机，1904年开始用于生产，使吹制玻璃实现了机械化。

20世纪初期生产的玻璃主要是钠钙玻璃，一般常用作窗玻璃，冷却不匀时易破裂。1915年，美国科学玻璃公司制造出硼玻璃，热膨胀系数远较钠钙玻璃小，加热至200℃再浸入20℃水中也不会破裂，因此，它很快发展成为一种重要的化学用玻璃。以碳酸钾代替纯碱生产的钾玻璃也适宜用作化学仪器。

可是玻璃是非结晶体，是一种典型的非结晶的玻璃体，使它性脆而易碎。

为了提高玻璃强度，先将它加热到高温，然后让它迅速而均匀地冷却。这时玻璃的表面猛烈地收缩，使玻璃表面均匀地布满压缩应力。当这种玻璃以后受到拉力时，表面的压缩应力可以抵消一部分拉力，从而提高了玻璃的强度，这就是钢化玻璃。

不碎玻璃或安全玻璃是在制造玻璃时把金属网轧压入玻璃板中间。这种玻璃在破碎时不会飞出碎片，还可以通电发热。或者在两层玻璃间夹一层透明材料，如赛璐珞、聚乙烯醇缩丁醛等塑料。这种玻璃要装在坦克的瞭望孔上，不但不容易被枪弹击穿，即使击穿了，也只是在弹孔周围出现网状裂纹，不会飞出碎片。

20世纪50年代初出现了微晶玻璃，是微小晶体组成的玻璃，这是在玻璃熔炼、成型前，加入微量金属元素或氧化物作为结晶核心，使玻璃析出晶体所成。微晶玻璃可以用作火箭、人造卫星和航天飞机的材料，也可制家用器皿。

玻璃纤维是 20 世纪 30 年代问世的新产品。这是真正的玻璃纤维，是无机纤维，而不是有机或合成纤维。用玻璃纤维织成的布既能耐高温，又能抗拒化学品腐蚀，还有电绝缘和隔热性能。将玻璃纤维织成布浸浇酚醛树脂、环氧树脂、聚酯树脂等制成复合材料已成为宇航员所穿的宇航服材料，它被称为玻璃钢。

1946 年，美国海军第一艘玻璃纤维聚酯小艇诞生。1948 年，美国海军开始生产由玻璃纤维聚酯增强塑料制成的扫雷艇，这种扫雷艇不受磁性水雷的威胁。目前水上运动中的赛艇、旅游用的快艇也广泛用玻璃钢制造。现在世界上绝大多数撑杆跳高运动员所用的撑杆都是用玻璃钢做的，它比竹杆强韧，比钢棍轻巧，又富弹性。

知识点

釉

釉是覆盖在陶瓷制品表面的无色或有色的玻璃质薄层，是用矿物原料（长石、石英、滑石、高岭土等）和化工原料按一定比例配合（部分原料可先制成熔块）经过研磨制成釉浆，施于坯体表面，经一定温度煅烧而成。能增加制品的机械强度、热稳定性和电介强度，还有美化器物、便于拭洗、不被尘土腥秽侵蚀等特点。

延伸阅读

玻璃按成分的分类

玻璃通常按主要成分分为氧化物玻璃和非氧化物玻璃。

非氧化物玻璃品种和数量很少，主要有硫系玻璃和卤化物玻璃。硫系玻璃的阴离子多为硫、硒、碲等，可截止短波长光线而通过黄、红光，以及近、远红外光，其电阻低，具有开关与记忆特性。卤化物玻璃的折射率低，色散低，多用作光学玻璃。

氧化物玻璃又分为硅酸盐玻璃、硼酸盐玻璃、磷酸盐玻璃等。硅酸盐玻璃指基本成分为 SiO_2 的玻璃，其品种多，用途广。通常按玻璃中 SiO_2 以及碱金属、碱土金属氧化物的不同含量，又分为：

石英玻璃：二氧化硅含量大于 99.5%，热膨胀系数低，耐高温，化学稳定性好，透紫外光和红外光，熔制温度高、黏度大，成型较难。多用于半导体、电光源、光导通信、激光等技术和光学仪器中。

高硅氧玻璃：二氧化硅含量约 96%，其性质与石英玻璃相似。

钠钙玻璃：以二氧化硅为主，还含有 15% 的氧化钠和 16% 的氧化钙，其成本低廉，易成型，适宜大规模生产，其产量占实用玻璃的 90%。可生产玻璃瓶罐、平板玻璃、器皿、灯泡等。

铅硅酸盐玻璃：主要成分有二氧化硅和氧化铅，具有独特的高折射率和高体积电阻，与金属有良好的浸润性，可用于制造灯泡、真空管芯柱、晶质玻璃器皿、火石光学玻璃等。含有大量 PbO 的铅玻璃能阻挡 X 射线和 γ 射线。

铝硅酸盐玻璃：以二氧化硅和三氧化二铝为主要成分，软化变形温度高，用于制作放电灯泡、高温玻璃温度计、化学燃烧管和玻璃纤维等。

硼硅酸盐玻璃：以二氧化硅和三氧化二硼为主要成分，具有良好的耐热性和化学稳定性，用以制造烹饪器具、实验室仪器、金属焊封玻璃等。含稀土元素的硼酸盐玻璃折射率高、色散低，是一种新型光学玻璃。

磷酸盐玻璃：以 P_2O_5 为主要成分，折射率低、色散低，用于光学仪器中。

▎▎▎ 水泥的出现

无论待在家里还是外出，我们都处在混凝土建筑包围中。我们的住宅、桥梁、学校、商店和办公大楼都是用混凝土建造的。

混凝土是水泥、卵石、沙子加水拌和成的。水泥是由石灰石和黏土按一定比例配合经过煅烧，掺入适量石膏等后研成粉末，是一种硅酸盐黏合剂。

人类很早就使用煅烧的材料用于建筑材料。我国很早就使用煅烧石灰石得到的石灰——氧化钙作为建筑材料。

石灰又称生石灰，加水就变成黏稠的熟石灰——氢氧化钙。掺进沙子就成为灰浆。灰浆在空气中吸进二氧化碳气体，重又变成石灰石中的主要成分碳酸钙，把沙子、砖石凝结在一起成块。

明朝宋应星（1587—？）编著的《天工开物》中记述着："……灰一分，入河沙、黄土二分，用糯米粳、羊桃藤汁和匀，轻筑坚固，永不隳坏，名曰三和土。""糯米粳"应是糯米粥浆；"羊桃藤"即猕猴桃，含有胶汁；"隳坏"即毁坏。

2 000 多年前，罗马人用掺有火山灰或砖粉的石灰砂浆建筑水道沟渠，这被称为火山水泥。

石灰岩

1756 年，英国普利茅斯港口的一个灯塔失火，政府命令技师史密顿重建新灯塔。史密顿先集中焙烧石灰岩以取得石灰。可是送来的却是黑色的石灰岩。那时人们认为只有白色的石灰岩才能制成优质石灰。虽经多次催促，始终没有送来白色的石灰岩。这样他只好用这种黑色的石灰岩烧制石灰。结果在使用后发现利用这种黑色石灰岩烧制成的石灰用于建筑，质量很好。史密顿吃惊地分析了原因，原来这种黑色石灰岩中含有黏土。

于是他在含黏土少的石灰岩中加进黏土进行煅烧实验，终于弄清含黏土量 6%—20% 的石灰岩是烧制建筑用石灰的最佳原料，这就创造了今天的水泥。

史密顿成功的消息不久就传遍欧洲各国。法国土木工程师维卡对此进行了研究，1813 年，他发现石灰岩和黏土按 3∶1 混合煅烧成的水泥性能最好，并将烧制成的水泥经过研磨。

1824 年，英国一位砖瓦匠 J. 阿斯皮丁获得一种人造石的申请专利，就是将石灰石混和黏土研磨后煅烧，产物再经研磨，然后拌和水制成人造石。他将这种水泥称为波特兰水泥。波特兰是英国英格兰南部濒临英吉利海峡的一个港口城市。他并不是在这里建厂生产水泥，而是因为这里盛产一种石头，他把所制成的水泥用于建筑比作波特兰的石头。

后来，他在威克菲尔德建立水泥厂。但当时他并没有认识到高温煅烧是制造优良水泥的重要条件。他的儿子 W. 阿斯皮丁在 1848 年建造了第一座烧制水泥的窑。不过，这只是一种竖窑。不久，即在 1873 年，英国南索姆创造了回转窑。它是一个旋转的圆筒，是倾斜的。在窑的上端有喂料口，喂入的料在煅烧过程中不断向窑头移动。煤粉或气体燃料从窑头吹入，燃烧产生的烟道气经除尘室由烟囱放出，煅烧的成品进入冷却筒后进行磨碎。

回转窑的产量较大。大幅度地降低了成本，使水泥有可能被广泛使用。它也成为水泥厂的特征标志。

煅烧过程中所起的主要化学反应是石灰石分解成氧化钙，与黏土组分中的酸性氧化物结合成硅酸盐，主要是硅酸三钙（$3CaO \cdot SiO_2$）。它在加水后形成水合物结晶，使水泥变硬。

19 世纪中期，法国巴黎一位花匠用水泥和沙子制花盆，虽然很牢固，却禁不住抻拉和冲击。于是他加进钢筋制成花盆，不论抻拉或冲击都不破裂了。对此，他于 1867 年获得专利。后来他又取得用钢筋做骨架的台井、桥梁、枕木等的专利权。钢筋混凝土就这样被发明出来了。

知识点

煅　烧

在一定温度下，于空气或惰性气流中进行热处理，称为煅烧或焙烧。

煅烧过程主要发生的物理和化学变化有：（1）热分解。除去化学结合水、二氧化碳等挥发性杂质，在较高温度下，氧化物还可能发生固相反应，形成有活性的化合状态；（2）再结晶，可得到一定的晶形、晶体大小、孔结构和比表面；（3）微晶适当烧结，以提高机械强度。

延伸阅读

水泥的主要技术指标

1. 密度与容重：普通水泥密度为 3.1，容重通常采用 3 100 千克/立方米。

2. 细度：指水泥颗粒的粗细程度。颗粒越细，硬化得越快，早期强度也越高。

3. 凝结时间：水泥加水搅拌到开始凝结所需的时间称初凝时间，从加水搅拌到凝结完成所需的时间称终凝时间。硅酸盐水泥初凝时间不早于 45 分钟，终凝时间不迟于 6.5 小时。实际上初凝时间在 1—3h，而终凝为 4—6 小时。水泥凝结时间的测定由专门的凝结时间测定仪进行。

4. 强度：水泥强度应符合国家标准。

5. 体积安定性：指水泥在硬化过程中体积变化的均匀性能。水泥中含杂质较多，会产生不均匀变形。

6. 水化热：水泥与水作用会发生放热反应，在水泥硬化过程中，不断放出的热量称为水化热。

7. 标准稠度：指水泥净浆对标准试杆的沉入具有一定阻力时的稠度。

硫酸的制取

硫酸被誉为工业之母。这是由于它广泛应用于各种工业生产中，制造出多种工业产品。硫酸用于制造肥料、染料、油漆、药物、炸药、合成纤维、合成橡胶、塑料、淀粉糖浆、各种无机酸、盐类和蓄电池等。有色金属的提炼和加工、石油产品的精制、煤焦油产品的处理、纺织品的漂染、动物皮的制革、木材的水解、工业用液体的干燥和脱水等都要用硫酸。没有硫酸，原子反应堆不能运转，没有硫酸，火箭和人造卫星上不了天。这是因为从铀矿中提取核燃料铀需要硫酸，制取高能燃料的硼化物需要硫酸。

在一些矿泉水中存在少量硫酸，是天然黄铁矿（FeS_2）经氧化和溶于水形成的。但 FeS_2 很难被提取利用。

我国唐朝人辑录的炼丹文集《黄帝九鼎神丹经诀》中收录了东汉（25—220）末年炼丹术士狐刚子（又名胡刚子）的《出金矿法》，其中有《炼石胆取精华法》，所谓"石胆"是指硫酸铜的五水结晶体（$CuSO_4 \cdot 5H_2O$），至今在我国仍称为胆矾，因为它是蓝色，跟胆一样的颜色。"炼石胆取精华法"就是蒸馏胆矾，制取硫酸，以溶解金矿中杂质而"出金"。

硫酸铜的五水结晶体在受热分解后，生成氧化铜、三氧化硫（SO_3）和水。三氧化硫溶于水生成硫酸。

这段原文是："以土墼垒作两个方头炉，相去二尺。各表里精泥其间，旁开一孔，亦泥表里，使精薰，使干。一炉中著铜盘，使定，即密泥之，一炉中以炭烧石胆使作烟。以物扇之。其精华尽入铜盘。炉中待火冷却，开取任用。入万药，药皆神。"这里的"土墼"就是土坯，"精泥其间"是用细致的泥密封间隙，"精薰"是慢慢加热，"烟"是三氧化硫和水蒸气化合生成的雾状气体，使用"铜盘"是防止稀硫酸对接受器腐蚀。

这就是说，在公元 2 世纪左右，我国已创建土室法制造硫酸。

在欧洲，最早叙述制取硫酸出现在 13 世纪德国天主教神父马格努斯的著述中，主要是蒸馏绿矾。绿矾是硫酸亚铁的 7 水结晶体（$FeSO_4 \cdot 7H_2O$），因色绿而得名。蒸馏绿矾制取硫酸的化学过程和蒸馏胆矾是一致的。因此欧洲人在中世纪称硫酸为绿矾油。

据欧洲人翻译的 8 世纪阿拉伯炼金术士贾伯和 10 世纪波斯炼金术士拉兹的著述中也提到蒸馏绿矾制取硫酸。

中古后期，欧洲资本主义生产关系在封建制度内部生产力发展的基础上逐渐成长起来。到 18 世纪欧洲的手工工厂向大机器生产过渡，生产促进社会各方面需要硫酸。

1736 年，英国人瓦德在英格兰泰晤士河畔特维肯翰建立大绿矾工厂，开始较大规模制造硫酸。

瓦德是一个江湖医生，1717 年曾企图蒙混进入国会被判罪，逃往法国，1733 年被赦免返回英国，在特维肯翰从事制造硝石和瓷器工作，并行医。那时，他认为格劳伯盐（硫酸钠）在医药中有非凡功效，就想通过制造硫酸来制取格劳伯盐。他采用燃烧硫黄和硝石的混合物来制造硫酸。这种方法最早是 16 世纪荷兰发明家德莱贝尔创造的。17 世纪法国药剂师莱默里发表的著述中提到这一方法，那是在反转过来的大漏斗中燃烧硫黄和硝石的混合物，使产生的气体溶于水成硫酸。所以这种方法又称钟罩法。瓦德可能是在逃罪住在法国期间知道这一方法的。

瓦德制造硫酸的设备是采用具有 40—50 加仑（英国容量单位，1 加仑 = 4 546 升）容量的球形广口玻璃瓶。操作时在瓶内放置少量水，并放置一个小粗陶器罐，罐上放置一铁盘。内放硫黄和硝石的混合物，用红热的小铁铲点燃混合物后用木塞塞紧瓶口，经过一段时间后重复操作，直至得到希望浓度的硫酸。

由于生产中产生有害的烟雾，污染环境，瓦德的硫酸制造作坊遭到当地居民的反对，在 1740 年迁到英格兰北部里士满，并在 1749 年取得英国专利。

瓦德的硫酸工厂使用了大约 100 个球形玻璃瓶，并使硫酸价格下降到原价格的 1/16。

不过，瓦德制造硫酸的设备和操作方法很快被另一位英国人罗布克创造的铅室法取代。

罗布克是一位医学博士，1764 年当选为英国皇家学会会员。18 世纪 40 年代他居住在英国工业城市伯明翰，开设私人医院，并创建炼铁工厂，还经营从珠宝饰件废料中回收金、银的业务。1746 年，他和他的合伙人加贝特在回收金、银时需要硫酸溶解杂质，从化学教科书中了解到铅能抵抗硫酸的腐蚀，于是用木料做成框架，用铅板作为墙壁，造成每边 6 英尺（英国长度单位，1 英尺 = 0.304 8 米）的立方形铅室。在实验操作时他们将硫黄和硝石放置在一铁勺中，点燃后放进铅室一铁盘中，使产生硫的氧化物气体被预先喷洒在铅室内的水吸收成酸，并不断添加硫黄和硝石，每隔一段时期取出一次酸，再放进玻璃容器中加热浓缩。

实验越来越成功。到 1749 年，罗布克在苏格兰普雷斯顿潘创建硫酸公司，建造了更大更多的铅室，雇用了 50 位工人，分日夜班操作，使硫酸的产量从成磅（英美制重量单位，1 磅约等于 0.45 千克）到成吨，不仅供英国使用，而且远销到欧洲大陆。

不久，在英国和法国一些地方也相继建造起了铅室。铅室建造得越来越大且数量也越来越多。1805 年，英国布思特岛上一家硫酸制造厂建有 360 个铅室，每个铅室体积达 192 立方英尺。法国蒙特利埃大学化学教授、富有的工业家夏普塔尔提出，最大的铅室以每边 25 英尺和高 15 英尺为宜，但是他曾建了一个 80 英尺长、40 英尺宽和 50 英尺高的大铅室，不幸在使用了 18 个月后倒塌了。

1838 年，意大利政府实行硫黄公卖法，于是硫黄价格暴涨。硫酸制造厂家纷纷采用黄铁矿或黄铜矿和其他含硫矿物代替硫黄。一些厂家在生产设备方面也在不断改进。例如，采用喷水蒸气进入铅室，代替向铅室内喷洒水，另置燃烧硫黄或其他含硫矿石的炉子，而不是在铅室内燃烧。就这样，使硫酸生产逐渐由间歇式转向连续式，使硫酸产量大增。

一段时期里，硫酸制造者们认为制造硫酸过程中燃烧硫黄时添加硝石的目的是产生氧气，以氧化二氧化硫成三氧化硫。

1806 年，法国德索梅和克莱门两位化学家观察到，将二氧化硫与二氧化氮的混合气体通入铅室中形成白色晶体，将此白色晶体用水处理，形成硫酸，并重新放出二氧化氮气体，因而确定二氧化硫在铅室中并非直接被氧气氧化，而且与氮的氧化物形成中间产物，形成硫酸的整个过程是一个循环过程。这引起不少化学家们的注意。经过多人多次研究确定，铅室中二氧化硫与硝石加热后释放出的氧气、氮氧化合物以及水形成亚硝基硫酸（$NOHSO_4$），亚硝基硫酸再与水反应，生成硫酸，又重新释放出氮的氧化物。

也就是说，氮氧化物实际上是氧化 SO_2 成 SO_3 的催化剂，由此铅室法又称亚硝基法。于是在铅室法制硫酸中减少了硝石的用量，增加供应空气的量，使生产成本再次降低。

由于氮的化合物可以反复使用，就出现了如何回收的问题。法国化学家盖吕萨克在 1827 年提出在铅室后设置一塔，塔内充填焦炭，将铅室中释放的气体从塔底通入，上升后遇到从铅室中通入塔顶而下淋的硫酸，被溶解吸收，但是氮的氧化物不能完全被吸收，因此迟迟未投入实际应用。这个塔后来被命名为盖吕萨克塔。

1859 年，英国一位管道工人格洛弗提出在燃烧硫黄的炉子和铅室之间设置一塔，使高温二氧化硫气体向上流，遇到塔顶从盖吕萨克塔送来的含氮硫酸，使其中含氮的氧化物受热释放出来，进入铅室。这样不仅充分回收了氮的氧化物，也使盖吕萨克塔中被吸收的氮的氧化物又重新释放出来。这个塔后来被命名为格洛弗塔，并很快用于实际生产中。一位普通工人完善了一位著名化学家的设计，在硫酸制造中同享盛名。

此后硫酸制造者们又对铅室进行了一系列改进。铅室不再是立方形或长方形的了。因为立方形会形成角，物料在这些角落中可能停滞不动。气流的流动速度很大，气相和微小雾滴的液相反复接触，效率很差，于是逐渐改造成圆筒形或截头圆锥形，使外形成了塔形。

铅室也不再是空空的了，而是填满了瓷珠，这样可以加大反应物间的接触面。框架不再是木材了，而是钢铁，铅板也被铁和钢代替，它们和铅一样可以耐硫酸腐蚀，再加上用耐酸砖或正长石砌成衬里，更加强了耐腐蚀性能。

这样铅室法变成了塔式法，不过硫酸制造的化学原理还是一样。同是亚硝基法。

但接触法制造硫酸的化学原理却与上述不同，它是利用催化剂使二氧化硫直接氧化成三氧化硫，然后用98.3%的硫酸吸收三氧化硫。得到发烟硫酸，再用92.8%硫酸稀释发烟硫酸，最后得到市售的98.3%的浓硫酸。三氧化硫不能用水吸收，因为三氧化硫和水化合生成硫酸的化学反应是放热反应，产生大量的热使水蒸气蒸发，产生的水蒸气和三氧化硫结合，形成硫酸的酸雾，影响吸收效果。

接触法最早是1831年英国一位制醋商人菲列普提出来的，它是利用铂粉作催化剂。但是没有投入生产，因为铂粉会很快受二氧化硫夹带的杂质影响而失效。

1875年，一位出生在德国和长期居住在英国的化学家麦塞尔首先提出净化二氧化硫和氧气，可以使铂粉在一定期限内有效。1881年，英国硫酸制造商斯奎尔申请了这一专利并建厂生产。麦塞尔参与了这项工作。

但是铂的价值非常昂贵而且容易中毒，这促使硫酸制造者们和化学家们寻找更便宜的催化剂。同时亚硝基法制得的硫酸浓度只能达到65%—75%，不能适应一些工业生产的要求。

1914年德国巴迪希苯胺和纯碱公司的科研人员研制成五氧化二钒（V_2O_5）催化剂，效果很好，很快投入使用。现在世界各地都用这种方法生产硫酸。

知识点

蒸 馏

　　指利用液体混合物中各组分挥发性的差异而将组分分离的传质过程。蒸馏是分离混合物的一种重要的操作技术，尤其是对于液体混合物的分离有重要的实用意义。

　　与其他的分离手段，如萃取等相比，它的优点在于不需使用系统组分以外的其他溶剂，从而保证不会引入新的杂质。

延伸阅读

浓硫酸的危害及操作注意事项

　　健康危害：刺激鼻、喉，引起打喷嚏、肺水肿、支气管黏膜发火、气阻、胸痛、呼吸短促、鼻和牙床出血，严重时灼伤鼻、口，引起肺水肿、慢性肺炎、皮炎，并灼痛眼睛，引起角膜损伤，甚至失明；过量食入会导致流涎、极度口渴、吞咽困难、休克、牙龈损害、口腔、咽喉、胃及食管烧伤、恶心、呕吐物有咖啡粒状物、胃肠穿孔、肾损害；长期暴露症状相同甚至更严重。

　　使用时的注意事项：

　　严禁烟火；戴防护镜，穿防护服；选用适当呼吸器；避免与碱性物质和水接触；搬运时要轻装轻卸，防止包装及容器损坏；配备泄漏应急处理设备；倒空的容器可能残留有害物；稀释或制备溶液时，应严格遵守在搅拌下将硫酸缓慢加入水中，以免沸腾和飞溅。

　　呼吸系统防护：可能接触其粉尘时，必须佩戴头罩型电机动送风过滤式呼吸器。必要时，佩戴空气呼吸器。

　　眼睛防护：戴化学安全防护面罩。

　　身体防护：穿耐酸碱橡胶皮靴，穿工作服（防腐材料制作）。

　　手防护：戴耐酸碱橡胶手套。

其他：工作现场严禁进食和饮水。饭前要洗手，工作完毕更衣，注意个人清洁卫生。

合成氨与硝酸制取

到19世纪中期，人们对植物生长的机理已经有了一定的认识，越来越注意到氮对生物的作用。氮是一切生物蛋白质组成中不可缺少的元素。因而它在自然界中对人类以及其他生物的生存有很重要的意义。

自然界中氮的总含量约占地壳全部质量的0.04%，大部分以单质状态存在于大气中。空气中含有约78%的氮气，是空气的主要组成成分。但是，不论是人或其他生物（除少数生物外），都不能从空气中直接吸收这种游离状态的氮作为自己的养料。植物只能靠根部从土壤中吸收含氮的化合物转变成蛋白质。人和其他动物只能摄食各种植物和动物体内已经制好了的蛋白质来补充自己的需要。因此生物从自然界索取氮作为自身营养的问题最终归结为植物由土壤吸收含氮化合物的问题。

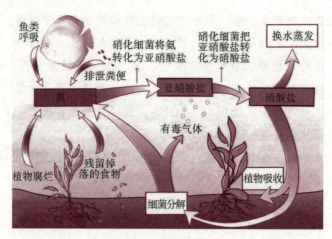

自然界中氮的循环

土壤中含氮化合物的主要来源是：动物的排泄物或动植物的尸体进入土壤后转变形成；雷雨放电时在大气中形成氮的氧化物溶于雨水被带入土壤；某些与豆科植物共生的根瘤菌吸收空气中的氮气生成一些氮的化合物。但是这些来源远远不能补偿大规模农业生产的需要。于是如何使大气中游离的氮气转变成能为植物吸收的氮的化合物，也就是氮的固定，成为化学家们探索的课题。

这个课题在20世纪初取得突破。首先是在1898年，德国化学教授弗兰克和他的助手罗特与卡罗博士发现，碳化钡在氮气中加热后有氰化钡和氰氨基钡生成，接着发现碳化钙在氮气中加热到1 000℃以上，也能生成氰氨基钙，并发现氰氨基钙水解后产生氨，于是首先建议将氰氨基钙用作肥料。

1904年，在德国建立了第一个工业生产装置。1905年，在意大利也建立工厂，随后在美国、加拿大相继建厂。到1921年，氰氨基钙全世界产量达每年50万吨，但从此以后新工厂建造渐渐停止，因为由氢和氮直接合成氨的工业在悄然兴起。

随后，开始利用电力使氮气和氧气直接化合，生成氮的氧化物，溶于水生成硝酸和亚硝酸。

要使这个方法在工业生产中实现，需要强大的电力、稳定的电弧。1904年，这个实验由挪威物理学教授伯克兰德和工程师艾德设计完成。他们用通有冷却水的铜管作电极，通入交流电。对生成的电弧加上一强磁场，使电弧形成一个振荡的圆盘状，火焰的面积因此增加很大，温度可达3 300℃。

此装置于1905年在挪威诺托登投入运转。挪威具有强大的水力发电装置，能够利用这一方法制取硝酸。但是这种制取硝酸的方法在氨的氧化法制硝酸出现后，很快就失去了工业价值。

氨的氧化是先从合成氨开始的。合成氨的发明是第三个氮的化学固定方法。

氨又称阿摩尼亚气，这个词来自古埃及的司生命和生殖神。这是由于在古埃及司生命和生殖神神殿旁堆集着来朝拜人骑的骆驼粪和剩余的供品，逐渐形成氯化铵。含氮的有机物、动植物的尸体和排泄物在细菌的作用下均能生成氨。

1774年，普利斯特里加热氯化铵和氢氧化钙的混合物，利用排汞取气法，首先收集到氨。1784年，贝托莱分析确定氨是由氮和氢组成的。19世纪很多化学家们试图从氮气和氢气合成氨，采用催化剂、电弧、高温、高压等手段进行试验，一直未能获得成功，以致有人认为氮和氢合成氨是不可能实现的。

直到19世纪，在化学热力学、化学动力学和催化剂等这些新学科研究领域取得一定进展后，才使一些化学家在正确的理论指导下，对合成氨的反应进行了有效的研究而取得成功。

1904 年，德国化学家哈伯利用陶瓷管，内充填铁催化剂，进行合成试验。测定出在常压下和高温（1 020℃）反应达到平衡时，气体混合物中存在有 0.012% 体积的氨。

1904—1911 年，哈伯先后进行了两万多次试验，根据试验的数据，他认为使反应气体在高压下循环加工，并从这个循环中不断将反应生成的氨分离出来，可使这个工艺过程实现。1909 年，他申请了用铀、碳化铀的混合物作催化剂的专利。1910 年 5 月终于在实验室取得可喜成果。

哈伯把成功的实验运用到工业生产，得到德国巴迪希苯胺和纯碱公司工程师博施、拉普、米塔赫等人的认可。1910 年 7 月，博施制成合成氨工业必需的高压设备；拉普解决了高温、高压下机械方面的一系列难题；米塔赫研制成功用于工业合成氨的含少量三氧化二铝和钾碱助催化剂的铁催化剂。1911 年，他们在奥堡建立起世界上第一个合成氨的工业装置，设置氨的生产能力为年产 9 000 吨，在 1913 年 9 月 9 日开工，从此完成了氮的人工固定。

氨的合成不仅仅是合成了氨，更创造了高压下促进化学反应的先例。随后德国化学家贝吉乌斯将高压法用于多种化工产品的生产，1920 年用高压法实现了煤的液化，合成人造汽油成功。

由此，哈伯获得了 1918 年诺贝尔化学奖；博施和贝吉乌斯共同获了 1931 年诺贝尔化学奖。

合成氨中的氢气来自水，氮气来自空气。向装有煤的煤气发生炉的炉底鼓入空气，使煤燃烧。

当炉温达到 1 000℃ 左右时，通入水蒸气，产生一氧化碳和氢气，同时吸收热量：

为了维持炉中温度，在实际操作中，是将空气和水蒸气交替鼓入，这样得到的气体叫半水煤气。它的组成大致如下：

H_2：38%—42%　N_2：21%—23%　CO：30%—32%　CO_2：8%—9%　H_2S：0.2%—0.5%

半水煤气中氢气和氮气是合成氨所需的，其他气体需要除去。

硫化氢（H_2S）是利用氨水吸收。

一氧化碳是在催化剂存在下加热与水反应变换成二氧化碳和氢气。经过变换的气体叫变换气，成分是：

变换气中的二氧化碳在水中的溶解度显著大于变换气中其他组分，所以用水就可除去，也可以用碱液、氨水吸收，生成的碳酸氢铵（NH_4HCO_3）正是我国农村使用的小化肥。

少量一氧化碳是通过醋酸铜氨液吸收来除净的。

得到纯净的氢气和氮气的混合物经压缩进入合成塔，在一定温度和压力下通过催化剂，部分合成氨。由于氨气易液化，在常压和 -33.4℃下即转变成液体，从合成塔中出来的氮气、氢气和氨气进入冷却器，氨气被液化，而氮和氢仍是气体。再通过分离器，氨气就与氮气、氢气两种气体分离。未反应的氮气、氢气两种气体用循环压缩机送入合成塔循环使用。

氨的合成也为制取硝酸开辟了一条途径。8世纪阿拉伯炼金术士贾伯的著作里讲述到硝酸的制取：蒸馏1磅绿矾和半磅硝石得到一种酸，很好地溶解一些金属。如果添加1/4磅氯化铵，效果更好。

绿矾蒸馏后得到硫酸，与硝石作用，得到硝酸，添加氯化铵，就得到盐酸。

3份盐酸和1份硝酸的混合液就是王水。

从8世纪开始，欧洲人利用硝石与绿矾制取硝酸。在硫酸扩大生产后，逐渐利用硝酸钠与硫酸作用制取硝酸。

前面曾提到20世纪初利用一氧化氮氧化制取硝酸的方法，不过那种方法要消耗大量电力。早在1830年，法国化学品制造商人库尔曼就提出氨在铂的催化下与氧气结合，形成硝酸和水。1906年，拉脱维亚化学家奥斯特瓦尔德将这一方法工业化，1918年引进英国。

随后催化剂不断更换。俄国化学家安德列夫在1914年改用铂铱合金；弗兰克和卡罗研究用氧化铈和氧化钍的混合物，催化作用逊于铂，但价低廉；现在使用的多是铂铑合金，并在高温下，氨先被氧化成一氧化氮，然后是二氧化氮，二氧化氮溶于水成硝酸。

知识点

游离态

在化学上，指一元素不与其他种元素化合，而能单独存在的状态。元素以单质形态存在则为游离态。

不同金属的化学活动性不同，它们在自然界中的存在形式也各不相同。少数化学性质不活泼的金属，在自然界中能以游离态存在，如金、铂、银。金属铁和金属汞都是铁和汞元素以游离态存在于自然界的一种形式。空气中较多气体都是以游离态存在。例如氢气、氮气和稀有气体等是以单质形式存在的游离态。还有一些特殊的地方存在游离态的物质。例如：火山口附近会有大量的硫黄。

延伸阅读

备受争议的诺贝尔奖获得者

　　翻阅诺贝尔化学奖的记录，就能看到 1916—1917 年没有颁奖，因为这期间，欧洲正经历着第一次世界大战，1918 年颁了奖，化学奖授予德国化学家哈伯。这引起了科学家的议论，英法等国的一些科学家公开表示反对，他们认为，哈伯没有资格获得这一荣誉。这究竟是为什么？

　　合成氨生产方法的创立不仅开辟了获取固定氮的途径，更重要的是这一生产工艺的实现对整个化学工艺的发展产生了重大的影响。鉴于合成氨工业生产的实现和它的研究对化学理论发展的推动，决定把诺贝尔化学奖授予哈伯是正确的。哈伯接受此奖也是当之无愧的。但是，哈伯虽然创造了挽救千百万饥饿生灵的方法，却又设计了一种致人于死地的可怕手段。

　　1915 年 4 月 22 日下午 5 时左右，第一次世界大战爆发。根据哈伯的建议，1915 年 1 月，德军把装盛氯气的钢瓶放在阵地前沿施放，借助风力把氯气吹向敌阵。第一次野外试验获得成功。该年 4 月 22 日，在德军发动的伊普雷战役中，在 6 千米宽的前沿阵地上，5 分钟内德军施放了 180 吨氯气，约一人高的黄绿色毒气借着风势沿地面冲向英法阵地（氯气密度较空气大，故沉在下层，沿着地面移动），进入战壕并滞留下来。这股毒浪使英法军队感到鼻腔、咽喉剧痛，随后有些人窒息而死。英法士兵被吓得惊慌失措，四散奔逃。据估计，英法军队约有 15 000 人中毒。这是军事史上第一次大规模使用杀伤性毒剂的现代化学战的开始。此后，交战的双方都使用毒气，而且毒气的品种有了新的发展。

毒气所造成的伤亡，连德国当局都没有估计到。然而使用毒气，进行化学战，在欧洲各国遭到人民的一致谴责。哈伯的妻子是一位化学博士，曾恳求他放弃这项工作，遭到丈夫拒绝后用哈伯的手枪自杀。科学家们更是指责这种不人道的行径。鉴于这一点，英、法等国科学家理所当然地反对授予哈伯诺贝尔化学奖。哈伯也因此在精神上受到很大的震动，战争结束不久，他害怕被当作战犯而逃到乡下约半年。

苛性碱和盐酸的制取

关于苛性碱，即氢氧化钠（NaOH）和氢氧化钾（KOH），在我国晋朝炼丹家、医药学家葛洪（283—363）编著的《肘后备急》卷五《食肉方》中有一段记述："取白炭灰、荻灰等分，煎令如膏。此不宜预作，十日即歇。并可去黑子，此大毒。"

"食肉方"是腐蚀皮肤的药方。为什么要腐蚀皮肤呢？大概就是文中所说的"去黑子"。"黑子"是指人体皮肤上的黑痣。按我国民间迷信的说法，生长在脸面上某部位的黑痣是不吉利的，要去掉。"白炭灰"是石灰，即氧化钙（CaO）；"荻灰"是草木灰，含有碳酸钾（K_2CO_3）、碳酸钠（Na_2CO_3）。将此二者加水加热就是"煎"，可得不纯的氢氧化钾、氢氧化钠，有腐蚀皮肤的作用，也就是"此大毒"。因为氢氧化钾、氢氧化钠暴露在空气中会吸收空气中的二氧化碳，重又转变成碳酸钾、碳酸钠，所以"此不宜预作，十日即歇。"这说明我国很早就制得苛性碱，并且认识到它的一些性能。

在欧洲，一直到 19 世纪末，还是利用草木灰、纯碱和氢氧化钙作用制取苛性碱。

1773 年，瑞典化学家谢勒曾将食盐溶液与氧化铅共同加热，得到氢氧化钠溶液和黄色氯氧化铅颜料，使氢氧化钠转变成碳酸钠。

1882 年德国出现亚铁盐法。这是把干燥的碳酸钠与粉碎的三氧化二铁以 1:3 的比例混合。放进炉中煅烧生成亚铁酸钠的熔融体。将热水作用于亚铁酸钠时，它就分解生成氢氧化钠溶液和三氧化二铁。

1800 年，意大利物理学家伏特发明了电池传到英国后，化学家克鲁克尚克用此来电解食盐，在阴极检测到有氢氧化钠生成。

只是到 19 世纪 60 年代后期电动机出现后，才利用电解廉价的食盐溶液制得氢氧化钠。

电解食盐水在阴极产生氢气，阳极产生氯气。氢氧化钠留在溶液中。

但是，生成的氯气会与氢氧化钠反应。重又生成氯化钠和次氯酸钠。

为了解决此问题，科技人员纷纷寻求解决途径。他们在两极间设置隔离层，使电解槽分隔成两部分，一部分是阴极室，另一部分是阳极室，以阻止电解产物相互作用。隔离层还要让离子自由通过，使电解能正常运转。

1890 年，德国格里西姆化工厂和马奇韦伯公司合作开发了水泥隔膜电解槽；1903 年美国虎克电化学公司开发了石棉隔膜电解槽。于是，形形色色隔膜随之投产。

这样，在 19 世纪末和 20 世纪初，大量氢氧化钠在电解水的隔膜槽中制得。

由于食盐在隔膜槽中不能完全分解，因此制得的氢氧化钠溶液中含有一定量食盐，必须经过蒸发、浓缩，使食盐结晶析出，才能获得较纯的氢氧化钠。

1892 年，一位居住在英国的美国化学技术人员卡斯特勒提出，利用水银作为阴极，电解食盐水以制取氢氧化钠，并取得专利。

在水银电极上钠离子（Na^+）比氢离子（H^+）容易放电，获得电子后生成金属钠。它与水银生成钠汞合金。将此合金导入溶钠室中，生成氢氧化钠和氢气。

这样，在电解槽中就不再需要隔膜层了，而且得到的氢氧化钠溶液浓度较高。

不过这个方法被奥地利化学工程师克尔勒抢先了一步，他在卡斯特勒之前就以此法取得专利。两位化学工作者愿意合作，不打算进行诉讼，于 1895 年合作成立卡斯特勒—克尔勒制碱公司，分别于 1896 年和 1897 年在美国尼亚加拉瀑布城和英国英格兰柴郡朗科恩城建厂开工生产。尼亚加拉瀑布城有大量电力供应。朗科恩城北濒临爱尔兰海，有丰富的食盐供应。到 1898 年，朗科恩城工厂每天生产 20 吨氢氧化钠和 40 吨漂白粉（漂白粉是利用熟石灰吸收氯气制得的）。

利用水银电极制得的氢氧化钠浓度较高，食盐少，不需要再蒸发浓缩，可以直接用于对氢氧化钠要求较高的化学工业。但是水银电极电解法在生产过程中有汞蒸气逸出，对操作人员健康有很大危害，汞渣排出又污染环境，而且运转成本高。在 20 世纪 60 年代，美国杜邦公司开发出了全氟磺酸离子膜。

这种膜具有选择性，只允许钠离子带少量水分子透过，氯离子被阻挡，使阴极产物氢氧化钠溶液中氯化钠含量低，成为第三种电解方法。

由于石墨电极不耐腐蚀，因此美国生产厂家使用新电极即钛电极，外层有铂、钌或铱。

在电解中得到的氯气最初只是用于制取漂白粉等，只是到 1912 年，卡斯特勒—克尔勒制碱公司才开始利用氯气在氢气中点燃生成氯化氢气体，溶于水生成盐酸。

盐酸虽然早在 7—8 世纪由阿拉伯的炼金术士们在制造王水中就已制得。但作为单独的盐酸是 17 世纪比利时医生赫尔蒙加热食盐和干燥的陶土首先取得的。

1658 年，德国化学家格劳伯将氧化钠与硫酸作用制得盐酸。18 世纪末，路布兰制碱法生产过程中得到副产品盐酸。利用电解食盐水除生成氧氧化钠外又得盐酸，可谓是一电两得。

关于将氢气和氯气直接合成氯化氢气体的问题，1897 年法国化学教授高蒂埃和海里埃曾发表研究报告指出，将两气体混合物放置在黑暗中 15—16 个月未见任何变化，在一般光照下缓慢化合。在强烈灯光下反应迅速加快，而在日光下发生爆炸。1902 年，英国化学家密勒和鲁塞尔发现，将这两种气体预先干燥后混合，在日光下不发生爆炸。因此将氢气与氯气直接合成氯化氢气体必须预先干燥。

燃烧器是用两根同心管构成。干燥的氯气从下边的内管进入，干燥的氢气由外管进入。如果外管通氯气，内管通氢气，燃烧后余留氯气，氯气影响工人健康，并对工厂附近的居民和农作物有害。氢气和氯气合成时产生大量的热，生成的氯化氢气体要经过冷却后用水吸收获得盐酸。

知识点

电 解

电解是将直流电通过电解质溶液或熔融体，使电解质在电极上发生化学反应，以制备所需产品的反应过程。电解过程必须具备电解质、电解槽、直流电供给系统、分析控制系统和对产品的分离回收装置。电解过程应当尽可能采用较低成本的原料，提高反应的选择性，减少副产物的生成，缩短生产工序，便于产品的回收和净化。电解过程已广泛用于有色金属冶炼、氯碱和无机盐生产以及有机化学工业。

延伸阅读

盐酸的用途

漂染工业：例如，棉布漂白后的酸洗，棉布丝光处理后残留碱的中和，都要用盐酸。在印染过程中，有些染料不溶于水，需用盐酸处理，使成可溶性的盐酸盐，才能应用。

金属加工：例如，钢铁制件的镀前处理，先用烧碱溶液洗涤以除去油污，再用盐酸浸泡；在金属焊接之前，需在焊口涂上一点盐酸等等，都是利用盐酸能溶解金属氧化物这一性质，以去掉锈。这样，才能在金属表面镀得牢，焊得牢。

食品工业：例如，制化学酱油时，将蒸煮过的豆饼等原料浸泡在含有一定量盐酸的溶液中，保持一定温度，盐酸具有催化作用，能促使其中复杂的蛋白质进行水解，经过一定的时间，就生成具有鲜味的氨基酸，再用苛性钠（或用纯碱）中和，即得氨基酸钠。制造味精的原理与此差不多。

无机药品及有机药物的生产：盐酸是一种强酸，它与某些金属、金属氧化物、金属氢氧化物以及大多数金属盐类（如碳酸盐、亚硫酸盐等），都能发生反应，生成盐酸盐。因此，在不少无机药品的生产上要用到盐酸。

在医药上好多有机药物，例如奴佛卡因、盐酸硫胺（维生素 B1 的制剂）等，也是用盐酸制成的。

另外，人类和其他动物的胃壁上有一种特殊的腺体，能把吃下去的食盐变成盐酸。盐酸是胃液的一种成分（浓度约为 0.5%），它能使胃液保持激活胃蛋白酶所需要的最适合的 pH 值，它还能使食盐中的蛋白质变性而易于水解，以及杀死随食物进入胃里的细菌。此外，盐酸进入小肠后，可促进胰液、肠液的分泌以及胆汁的分泌和排放，酸性环境还有助于小肠内铁和钙的吸收。

纯碱工业的发展

纯碱，有时简称碱，化学成分是含结晶水的碳酸钠（Na_2CO_3），在自然界中广泛存在。它们大都蕴藏在地表碱湖和暴露在地表的矿床中，如非洲埃及首都开罗附近的碱旱谷，美国怀俄明州西南部的天然碱矿床，欧洲匈牙利的碱湖，都是闻名的。

我国内蒙古的鄂托克旗碱湖群也很有名。在那些地方全年下不了两三次雨，一到秋天整日整夜地刮大风，冬天的寒冷季节来临后，湖水中含有的碱都结成冰凌似的，水面铺盖着一层雪似的碱霜。人们把它取出来，就近进行一些加工，做成一块一块的，用牲畜驮上，运送到张家口、古北口，然后转运全国各地。这就是曾经闻名遐迩的"口碱"。

许多植物体中含有碳酸钾和碳酸钠，特别是生长在盐碱地和海岸或海中的植物，吸收土壤或海水中的钠离子，当它们腐烂或被烧成灰烬后，其中就含有一定量的碳酸钠，含量可高达30%。我国400多年前明朝医药学家李时珍（1518—1593）编著的《本草纲目》中就写道："采蒿蓼之属，晒干，烧灰，以原水琳汁，去垢。发面。"

欧洲人也很早知道从海草灰汁液中提取碱。可是，随着18世纪中期工业革命从英国开始后，纺织、造纸、制皂、玻璃、印染等工业需求碱量剧增，单纯依靠天然碱和从植物灰提取碱的量明显感到不足，这就需要人工生产。

化学家们通过分析研究认识到食盐和碳酸钠中含有共同成分钠后，就开始着手将食盐转变成纯碱的尝试。

1737年，法国学者先将食盐与硫酸共热，得到硫酸钠，再将硫酸钠与木炭共热，生成硫化钠和一氧化碳，将硫化钠转变成醋酸钠后加强热，放出丙酮的蒸气，留下碳酸钠。他还将食盐先转变成硝酸钠，然后将硝酸钠与木炭放置在坩埚中燃爆，产生碳酸钠。

这仅是实验室中的实验。

1773年，瑞典化学家谢勒将食盐溶液与氧化铅粉共同加热，形成氢氧化钠溶液，暴露在空气中吸收二氧化碳，得到碳酸钠和黄色氯氧化铅（$PbOCl \cdot PbCl$）沉淀。

英国人克尔曾利用这个方法在都得里建立一座生产纯碱和肥皂的工厂。另一位英国人杜勒在1780年取得制取氯氧化铅作为黄色颜料的专利。自称这种颜料为杜勒黄。

1777年，法国神父马厚比将食盐转变成硫酸钠后，再将硫酸钠、木炭和铁混合灼热，使产物暴露在空气中，然后用水汲取碳酸钠。1779年建厂生产。法国药学教授柯普改进了这一制碱方法，用氧化铁代替铁。他的方法传到英国后立即建厂生产，每年纯碱产量达数千吨。

还有一些人提出另一些方法。

法国科学院在1783年以1 200利弗（法国货币单位法郎的旧名）悬赏征求制造纯碱的方法，以适应当时法国肥皂、纺织、漂染等工业的需要。

1789年，法国奥尔起公爵的侍医路布兰修改前人的一些制碱方法创立新法，1791年取得专利，并得到奥尔良公爵的资助，在巴黎近郊圣德尼建立日产250—300千克的碱厂。路布兰制碱方法所用的原料仍是食盐、硫酸和木炭，另有石灰石。

生产操作过程主要分三步：第一步将食盐与硫酸作用，生成硫酸钠；第二步将硫酸钠、木炭与石灰石共同加入回转炉中强热，产生一种黑色的熔体，冷却后成黑灰；第三步将此黑灰浸泡后取溶液，浓缩后碳酸钠结晶析出。

1793年11月6日奥尔良公爵被法国资产阶级革命党人送上断头台，1794年1月28日圣德尼厂被没收。路布兰没有领到奖金，尽管到1801年圣德尼厂拨归他经营，但那时他已穷困得难以生存，不得不进入救济院，1806年自杀身亡。在他死后8年，即1814年，人们为他在巴黎工艺学院中竖立一尊塑像作为纪念。

1823年英国政府宣布食盐免税，促进了英国以食盐为原料的化学工业生产。企业家穆斯普拉特抓住这个时机，将路布兰法引进英国，先后在利物浦、牛顿、佛来明顿等地建厂。到1886年，英国已用路布兰法生产成千上百万吨纯碱。

路布兰法的副产品氯化氢气体在最初的一个时期里是被排入大气中的，后来由于对环境污染严重，英国议会通过管理条例，迫使生产者必须设法回收。

1836年，肥皂制造商人哥塞创造用焦炭充填的洗涤塔，使上升的氯化氢气体被下降的水吸收，得到盐酸。

　　1866 年，生产工作者狄肯和胡尔特将此氯化氢气体与预热的空气混合，通过铜或锰的氧化物（作为催化剂）使其转变成氯气，然后将此氯气用石灰水吸收，制成漂白液，取得专利。工业化学家钱斯在 1822 年将含有二氧化碳的烟道气通入废料中，使废料中的硫化钙转变成硫化氢，然后再氧化成硫黄。

　　这样不仅革新了路布兰制碱法，而且还获得一系列副产品，使路布兰制碱法形成了一个化工生产体系。化学工业就这样逐渐兴起。

　　路布兰制碱法虽然盛行一时。但是存在不少缺点，主要是熔融过程在固体中进行，需要高温，设备生产能力小，腐蚀严重，原料利用不充分，工人劳动条件恶劣，纯碱质量不佳等等。于是生产者们争相研究其他制碱方法。这是科学技术发展的必然趋势。

　　到 1859 年，比利时人苏尔维在他的舅父开办的煤气厂经屡次试验，终于将盐卤与碳酸铵混合生成碳酸氢钠沉淀，加热碳酸氢钠放出二氧化碳和水，留下碳酸钠。他利用炼焦厂的副产品粗氨水、石灰窑中的副产品二氧化碳气体和食盐先制成碳酸氢钠，然后加热生成碳酸钠。这就是所谓的氨碱法。

　　苏尔维在 1861 年 4 月 15 日取得比利时政府颁发的专利，1863 年他集资和他的兄弟创建苏尔维制碱公司，在库莱特建厂，1865 年开工，1866 年日产纯碱 1.5 吨。1867 年该厂产品获巴黎博览会铜质奖章。1876 年获维也纳博览会奖章，此法正式命名为苏尔维制碱法。1869 年厂房建筑扩大一倍，产品量增加三倍，此时纯碱价格大幅度下降。科学技术上的创造就是这样造福着人类。

　　苏尔维不懂化学，也不是工程师，氨碱法也不是他创造的。早在 1810 年法国化学家福瑞斯奈尔就提出这一方法。这一方法早在 1838 年就曾在英国被投入建厂生产，制出少量纯碱，但由于氨的损失太大，经济效益低，很快停产。苏尔维成功的重要一点就是他克服了这一缺点。他设置了一个塔，使二氧化碳从塔底上升与塔顶流下的饱和了氨的食盐水相遇，生成碳酸氢钠沉淀并迅速转移形成连续生产。他还将产物中的氯化铵与熟石灰作用，重新生成氨。

　　苏尔维的成功还在于他将专利许可证权转让给英国工业化学家门德和企业家卜内勒。他们在 1874 年在英国创建卜内门制碱公司。利用苏尔维法制碱。门德为沉淀的碳酸氢钠设计了转动过滤器，安装了连续的氨的蒸馏

室，控制反应物的温度、压力和浓度等，使氨碱法日趋完善，同时得以推广。

苏尔维具有丰富的实践经验，这也是他成功的原因之一。他在煤气厂工作时已经对气体和液体的处理过程很熟悉，用他自己的一句话说：他是"在氨气中培育成长的。"他逃过了一次管道泄气爆炸的伤害。可以说，他是在实践中幸运成长起来的。

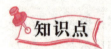

催化剂

在化学反应里能改变其他物质的化学反应速率（既能提高也能降低），而本身的质量和化学性质在化学反应前后都没有发生改变的物质叫催化剂（也叫触媒）。

催化剂具有高度的选择性（或专一性）。一种催化剂并非对所有的化学反应都有催化作用，例如二氧化锰在氯酸钾受热分解中起催化作用，加快化学反应速率，但对其他的化学反应就不一定有催化作用。某些化学反应并非只有唯一的催化剂，例如氯酸钾受热分解中能起催化作用的还有氧化镁、氧化铁和氧化铜等等。

三种苏打的区别

1. 苏打：苏打是 soda 的音译，学名碳酸钠，俗名除叫苏打外，又称纯碱或苏打粉。带有结晶水的叫水合碳酸钠。

无水碳酸钠是白色粉末或细粒，易溶于水，水溶液呈碱性。它有很强的吸湿性，在空气中能吸收水分而结成硬块。

在三种苏打中，碳酸钠的用途最广。它是一种十分重要的化工产品，是玻璃、肥皂、纺织、造纸、制革等工业的重要原料。冶金工业以及净化水也

都用到它。它还可用于其他钠化合物的制造。

2. 小苏打：小苏打的学名碳酸氢钠，俗名小苏打。

小苏打是白色晶体，溶于水，水溶液呈弱碱性。在热空气中，它能缓慢分解，放出一部分二氧化碳；加热至270℃时全部分解，放出二氧化碳。

小苏打在生产和生活中有许多重要的用途。在灭火器里，它是产生二氧化碳的原料之一；在食品工业上，它是发酵粉的一种主要原料；在制造清凉饮料时，它也是常用的一种原料；在医疗上，它是治疗胃酸过多的一种药剂。

3. 大苏打：大苏打是硫代硫酸钠的俗名，又叫海波（hypo 的音译），带有五个结晶水，故也叫作五水硫代硫酸钠。

大苏打是无色透明的晶体，易溶于水，水溶液显弱碱性。它在33℃以上的干燥空气中风化而失去结晶水。在中性、碱性溶液中较稳定，在酸性溶液中会迅速分解。

大苏打具有很强的络合能力，能跟溴化银形成络合物。它可以作定影剂。大苏打还具有较强的还原性，能将氯气等物质还原。它还可以作为棉织物漂白后的脱氯剂。类似的道理，织物上的碘渍也可用它除去。另外，大苏打还用于鞣制皮革、电镀以及由矿石中提取银等。

火柴的发明

远古时代，人们取火只能利用自然火。自然火是森林偶然被雷击引起的，或是地下的天然气冒出地面偶然燃着的。据考古学家们的研究，这种自然火一直利用了几十万年之久。到公元前5万年左右，人们在劳动过程中发现摩擦能够生火，于是出现钻木取火；看到打击石器时火星溅出，于是出现燧石取火。燧石是一种石英石矿石。铜器出现后出现了阳燧取火。阳燧是一种铜凹镜，能将日光反射聚成焦点。焦点温度很高，能使易燃物着火。

不论是钻木取火，还是燧石取火或阳燧取火，都不容易，还要保留火种。今天我们寺庙里日夜点燃的长明灯可能就是保留火种的遗迹。只是到了17—18世纪，欧洲兴起科学实验，产生了近代化学，化学家们发现了一

燧　石

些化学物质，利用它们的化学反应取火，才使现代火柴逐渐出现。

1669 年，德国汉堡城一位姓布朗德，名汉尼希的人蒸馏人尿首先发现白磷。他被讽刺地称为条顿（族）博士，他实际是一位破产商人，企图学习炼金术士们将贱金属转变成贵金属以发财致富，不知怎么选择了人尿，放置在甑中蒸馏，在接受器中发现了一种特殊的白色固体，像是蜡，带有大蒜的臭味，在黑暗中不断发光，称它为"冷火"。

这一发现引起当时德国几位有名学者的注意。正是他们把布朗德的发现记述下来，传播出去，留在科学文献中，成为磷的最早发现史。

人尿中含有磷酸钙 $Ca_3(PO_4)_2$，是含磷蛋白质和其他含磷食物的代谢产物。磷酸钙在遇到尿中有机化合物在强烈炭化后形成的碳，或者添加到尿里的碳，生成磷。如果有沙子 SiO_2 存在，可使磷酸钙熔点降低，并且与氧化钙（CaO）结合，形成硅酸钙（$CaSiO_3$）残渣。

至今这仍是工业上制取磷的方法，不过今天所用的原料是矿产磷酸钙，是在电炉中加热所得的。

1771 年，瑞典化学家谢勒指出，人和动物的骨骼由磷酸钙组成，并在 1775 年加热骨灰和硫酸取得白磷。

白磷是白色半透明晶体，在空气中缓慢氧化，产生的能量以光的形式放出，因此在暗处发光。当磷在空气中氧化到表面积聚的能量使温度达到 40℃ 时，便达到磷的着火点，引起自燃。

这样，18 世纪末在欧洲出现了利用白磷取火的磷烛、磷瓶等。所谓磷烛，是在细小的玻璃管中放置一小支蜡烛，烛底放置一小块白磷，将玻璃管密封后放置在温水中，使白磷熔化沾附在烛底，使用时将玻璃管打碎，使沾附白磷的蜡烛燃着，这于 1781 年首先在法国出现。所谓磷瓶，是将白磷放置在一小玻璃瓶中，点燃后迅速熄灭，使瓶内壁沾附一层部分氧化的磷，然后塞上瓶塞。另用小木条沾附熔融的硫，放置在金属盒中。使用时将沾附有硫黄的小木条伸入玻璃瓶中，沾取部分氧化的磷，在瓶塞上摩擦着火。这于 1786 年首先在意大利出现，之后很快传到法国巴黎和英国伦敦。

19 世纪初，还出现了利用另一些化学物质间的化学反应取火的装置。

1805 年，法国 17 岁的青年人、后来成为化学家的尚塞尔创制一种"瞬息着火盒"。这是一个小的金属盒，内装一小瓶紧塞着塞子的硫酸和一些小木条，木头条涂有氯酸钾（$KClO_3$）、蔗糖和树胶的混合物。使用时将小木条头浸渍硫酸，取出后着火。这是由于氯酸钾与硫酸进行化学反应，产生热量，使易燃的碳燃烧，碳是蔗糖被硫酸脱水后生成的。这种取火装置也被称为化学火柴。在欧洲和美国流行了将近 40 年。

氯酸钾是法国化学家贝托莱在 1786 年首先将氯气通入浓氢氧化钾（KOH）溶液中制得的，它是一种强氧化剂。

1807 年，在欧洲还出现了一种电气灯，或叫电气火发生器。这是利用起电盘产生的火花点燃从气体发生瓶中放出的氢气。

氢气是利用稀硫酸与金属锌反应产生的，是 1766 年首先由英国化学家卡文迪许发现的。气体发生瓶和今天化学实验室里使用的气体发生瓶原理相同。这种取火装置再带一个起电盘，显然是笨重的。到 1823 年，德国化学家多柏赖纳改装了它，被称为多柏赖纳灯。这是在氢气出口处安装一块铂绵，它可以吸附空气中的氧气，当氢气从气体发生瓶中放出时冲击氧气而着火，就不再需要起电盘了。这种灯也曾流行一时，成为一种时髦的事物，但是铂绵会很快中毒失效，需要不断更换。

还有一种取火物，叫作自燃器。这是将碳酸钾（K_2CO_3）、明矾 $K_2SO_4 \cdot Al_2(SO_4)_3$ 和炭粉（C）混合物放置在铁筒中，在隔绝空气的情况下受热，反应后产生金属钾。使用时将此冷却的混合物倾倒出少许，其中金属钾与空气中的水分迅速反应，产生火花，点燃可燃物。钾是在 1807 年首先由英国化学家戴维电解氢氧化钾取得的。

一直到 1827 年，在英国首次出现今天火柴形式的摩擦火柴。创造人是瓦克，他是一位外科医生，在家乡莱格兰蒂斯河畔斯托克顿行医并开设药房。他在配制药剂过程中创造了一种摩擦火柴。这种火柴是在小木条头上渍涂氯酸钾、三硫化二锑和树胶的混合物，使用时将木条头在砂纸上摩擦着火。

在他所留下的售货日记上写道，他第一次出售这种火柴是在1827年4月7日，卖给了一位地方法务官员。两年后，这种火柴传到英国首都伦敦，一位青年小贩约翰斯仿制了它，并将它盛放在长方形卡片制的小盒中出售，起名"魔鬼"叫卖，也可叫成"摩擦火柴"。这种火柴着火效果不佳，使用时要将火柴头放置在对折起来的砂纸中间，并用一只手指紧捏，用另一只手用力拖拉火柴杆后才能着火，着火后还会出现小爆炸，火花四溅。这使它的寿命不长，慢慢就消失了。但是它却给一些化学家、发明家们一个重要的启示，即寻找其他一些化学物质采用这种摩擦的方式取火。

1830年，法国一位学习化学的青年人索里尔首先用白磷代替瓦克摩擦火柴头中的三硫化二锑。结果轻轻一擦就着火，效果很好。于是，英国、美国和欧洲各国相继仿制，此方法迅速发展。美国人叫它"民主党党员"。

可是，制造这种火柴的工人一个又一个像遭受病魔缠身一样相继死亡；而且使用这种火柴的人突然被放在衣兜里的火柴着火烧身。原因是白磷有剧毒，0.1克的白磷足以使人死亡，人们吸入白磷蒸气后会发生牙床骨坏死病，氯酸钾和白磷混合受到轻微摩擦就会着火。于是，出现各种改进方案：采用机械代替手工操作，加强火柴制造厂房空气流通，以减少工人接触到白磷和吸入白磷蒸气的可能性；在火柴头外层加涂油漆封固；利用氧化铅等氧化剂代替氯酸钾；尽可能减少白磷用量等等。就这样差不多维持了20多年。

1845年，奥地利维也纳工业大学化学教授施勒特尔在隔绝空气的情况下加热白磷，获得红磷，确定它与白磷是磷的同素异形体，无毒，在240℃左右着火，受热后能转变成白磷。

不久，即在1847年和1848年，瑞典化学教授帕斯赫和德国化学教授博特格各自利用红磷代替白磷制得火柴。但是，红磷和氯酸钾混合即使是轻微的碰撞也会发生爆炸。因此，最初只有把氯酸钾和红磷分隔放置。这样就出现了两头火柴，就是说，在火柴的一头渍涂氯酸钾、硫黄、玻璃粉和树胶的混合物，另一头渍涂红磷、玻璃粉和树胶的混合物。使用时在火柴中间折断，然后使两头互相摩擦着火。这种火柴使用安全，着火效果也好，很快，在欧洲、美国和加拿大等国流行开来。

后来，火柴在生产中不断地得到改革创新。通过将火柴头渍涂氯酸钾、三硫化二锑和树胶的混合物,另在火柴盒两侧涂敷红磷、玻璃粉和树胶的混合物,使用时将火柴头摩擦涂敷有红磷的火柴盒一侧着火。不再使用折成两半的火柴了。这就是我们今天使用的安全火柴。

1851年,英国药剂师阿尔布拉特和1855年瑞典火柴制造厂主伦德斯特罗姆先后建厂生产大量的安全火柴。阿尔布拉特只受过5年正规教育,曾师从他的叔父——一位药剂师学徒,后和其他人合伙建立制造白磷、红磷的工厂,为英国的火柴工业做出了贡献。伦德斯特罗姆和他的兄弟曾建厂利用白磷制造火柴,后来改用红磷,扩大了厂房,利用瑞典丰富的木材资源,兴起瑞典火柴工业,被誉为瑞典火柴工业之父。

1898年,法国两位化学家席文和卡汉获得美国"火柴组分改良"的专利,他们主要是利用三硫化四磷代替白磷或红磷制造火柴。

三硫化四磷是由法国辅仁大学化学教授勒摩英在1854年首先将红磷和硫黄在隔绝空气情况下加热制得的。它无毒,在普通温度下处于稳定状态,加热到100℃左右时能着火。用它和氯酸钾、硫黄、树胶等混合物涂敷在火柴头上制成的火柴在粗糙的墙壁、地面、鞋底等处摩擦都可以着火。由于这种火柴使用方便,着火效果好,曾流行一时,被称为摩擦火柴,以区别于安全火柴。但终因着火太易,偶尔不慎会摩擦着火引起火灾,在安全方面抵不过安全火柴而被淘汰。小小一根火柴就是这样在使用安全和易着火的相互矛盾中逐渐演变发展,前后经历了一百多年。

我国的火柴是从西方传入的,最早是在1838年由英国人当作礼品送给清朝道光皇帝的。当时它在宫内被视为珍宝,只有在大典时才使用。正式以商品的形式传入我国最早见于1865年天津海关的报道。1879年广东佛山建成的巧明火柴厂是我国最早的民族火柴工业。1905年北京开办了第一家火柴厂,叫丹华火柴厂。那时凡是舶来品都冠一个"洋"字,火柴就叫作"洋火"。北京人又叫它"洋取灯"。"取灯"是北京的方言,在古代,它是一种引火的小木棒,叫作引火奴。引火奴是用薄木片或蓖麻梗制成的引火棍。长4—5寸,一头涂敷硫黄或硝石,借助其他火源,一点就立即燃烧起来,多用来点灯,所以北京人叫它"取灯"。

贱金属

贱金属通常都是比较便宜的金属，是相对于贵金属来说的。在炼金术中，贱金属比较常见并也很容易冶炼和提纯，而贵金属则反之，如黄金和白银，铂族元素都较难提炼。炼金的长期目标是将贱金属变为贵金属。

在化学中，贱金属一词是指比较容易被氧化或腐蚀的金属，通常情况下用稀盐酸（或盐酸）与之反应可形成氢气。比如铁，镍，铅和锌等。铜也被认为是贱金属，尽管它不与盐酸反应，但是它比较容易氧化。

骨骼的构成及化学成分

骨骼就是一般俗称的"骨"，主要由骨质、骨髓和骨膜三部分构成。骨髓里面有丰富的血管和神经组织。以长骨为例，长骨的两端是呈窝状的骨松质，中部是致密坚硬的骨密质，骨中央是骨髓腔，骨髓腔及骨松质的缝隙里容着的是骨髓。婴幼儿的骨髓腔内的骨髓是红色的（即红骨髓），有造血功能，随着年龄的增长，逐渐失去造血功能，例如肋骨这些扁骨内的骨髓最后都会因为脂肪及纤维（纤维结缔组织）等结缔组织堆积而形成黄骨髓并且失去造血功能。但长骨两端和扁骨的骨松质内，终生保持着具有造血功能的红骨髓。骨膜是覆盖在骨表面的结缔组织膜，里面有丰富的血管和神经，起营养骨质的作用，同时，骨膜内还有成骨细胞，能增生骨层，能起到使受损的骨组织愈合和再生的作用。

骨是由有机物和无机物组成的，有机物主要是蛋白质，使骨具有一定的韧度，而无机物主要是钙质和磷质，使骨具有一定的硬度。人体的骨就是这样由若干比例的有机物以及无机物组成的，所以人骨既有韧度又有硬度，只是所占的比例有所不同；人在不同年龄，骨的有机物与无机物的比例也不同，以儿童及少年的骨为例，有机物的含量比无机物多，故此他们的骨柔韧度及可塑性比较高，而老年人的骨，无机物的含量比有机物多，故此他们的骨硬度比较高，所以容易折断。

照片洗印的历史

人们很早就注意到日光能改变一些物质的颜色。许多染过色的织物经日光曝晒后会褪色；人的皮肤被日光照射后会变黑。

银盐在日光下析出银而变黑直到 18 世纪初才开始被人们注意到。

1725 年，德国解剖学教授苏尔兹一次将白垩偶然落进盛装硝酸银溶液的瓶中，取出后在日光下变成深紫色。他又将混有白垩的硝酸银溶液放在日光下，于是混合物也变成了同样颜色。但他把装着同样混合物的一个瓶子放在火旁却没有改变颜色。因此他确定这是太阳光在起作用，而不是太阳热在起作用。

1777 年，瑞典化学家谢勒发现氯化银在日光下变暗。他用黑纸剪成图样贴在瓶子上，放在日光下曝晒后，揭下黑纸，看到这个图样在深色的背景上留下白色的影像。

1801 年，英国化学家戴维试图利用银盐受日光作用变黑复制版画，但没有成功，因为他无法固定影像。

18 世纪末，法国两位军人 C. 涅普斯和 J. 涅普斯兄弟尝试用涂有氯化银的纸复制影像，他们用酸清洗未感光部分，希望获得永久影像，也没有成功。

他们的目的是用暗箱复制版画。暗箱是摄影的工具。最早是根据意大利物理学家庞塔提出的原理，光线通过暗室一面墙壁上的小孔，使室外景色通过小孔在对面墙上形成倒像。在这面墙上平放一张纸，就能在纸上把室外的景象准确地描绘出来。后来用玻璃透镜代替小孔，增加了景象的亮度。再后来又加上一个凹面镜，把倒像正过来。再加一个与水平面成 45 度角的平面镜；就能把景象反映在一张平放的纸上，不再映到墙壁上。后来这种暗箱变得可以移动了。到 18 世纪末，已经出现了各式各样小型摄影仪器。

他们用一种经薰衣草油溶解的沥青涂敷在金属板上，放在暗箱里曝光。曝光时间长达 8 小时。曝光后把金属板浸在溶剂里，金属板上没有受光的部分被溶解掉，露出金属面，受光的部分沥青变硬，留在金属板上。

1827 年 9 月，J. 涅普斯弟弟去英国伦敦看望住在伦敦郊区的 C. 涅普斯哥哥时，带去两张相片。一张是从自己家窗口拍摄的风景照，另一张是一位主教的肖像。他把这两张作品称为"日光绘画"。

在同一时期里，法国一位歌剧院布景绘画师达盖尔从 1826 年开始研究照片制版法。在得知涅普斯的"日光绘画"后，主动写信给涅普斯，他们在 1829 年开始合作，1839 年向法国科学院提出银板照相法。

银板照相法是把一块镀银的铜板放在一个盛碘的盘子上方，使碘的蒸气在铜板表面形成一层碘化银薄膜，成为感光板。把这个感光板放进暗箱中曝光。然后利用水银蒸气处理，再泡在食盐水中，就形成一张照片。

水银蒸气能与碘化银感光后析出的银形成银汞合金，留在铜板上，把影像显现出来。食盐水能够溶解未感光的碘化银，把影像定下来。这是只能洗印一次的照片。这种照片很容易损坏，手指触摸就会使它损坏。这种照片要放在玻璃下面保存，但又不能直接接触，要与玻璃保持一定距离。拍摄的曝光时间需要 5 分钟或更长一些。

然而，尽管有这些缺点，银板照相法还是向前迈进了一大步。它可以拍摄出很细致的纹理，可以拍出人脸部皮肤的皱纹。1851 年，英国举行第一次人口普查时，有五十多个开业的职业摄影师，他们几乎全用银板照相法拍照。

据说，达盖尔在研究照相术时，一次偶然将一个银羹匙放置在喷涂过碘蒸气的金属板上，经过一段时间后拿起羹匙时，忽然发现羹匙的阴影，这使他想到银和碘蒸气可能发生反应，于是，他在磨光的银板上喷涂碘蒸气，放进照相暗箱中曝光，可结果使他感到十分失望，因为得到的影像模糊不清。之后，他把这片银板放进药品储放柜中，几天后取出时，惊喜地发现影像变得很清晰，他意识到这是药品柜中某种药品起了作用，经过检查和试验，发现这是由于汞蒸气的作用。

达盖尔在向法国科学院递交的报告中说："我抓住了光！我制止了它飞翔！太阳将描绘我的图画。"

1839 年 1 月 9 日，法国科学院表彰达盖尔的发明，并向政府建议，任命他为法国荣誉军团骑士（法国旧时代最低贵族成员），同年 8 月，政府决定支付给他年薪 6 000 法朗，支付给涅普斯的儿子年薪 4 000 法朗。涅普斯兄弟在 1823 年和 1833 年已先后逝世。

1839 年 8 月 15 日，法国科学院大厅展出世界上第一张光学照片，轰动了整个巴黎。人物肖像画家们认为这会侵犯他们的利益，上书法国政府，要求取消摄影术。上书没有奏效，相反，却得到不断发展。

1840 年，英国人古德尔德发现在银板照相法中用溴蒸气代替碘蒸气，生成的溴化银比碘化银感光的时间大大缩短了。

19 世纪 30 年代，英国数学家塔尔博特同时也在研究照相术。他将纸先浸泡在硝酸银溶液中，然后再浸泡在食盐溶液中，使纸上留下一层氯化银沉淀，他将这种纸放进暗箱中摄影，结果拍出漂亮的照片。可是这种照片实际是负片，实物的白色部分，也就是感光最强的部分，在纸上表现为黑色，而实物的黑色部分却表现为白色。把这张照片放在光亮处，不久就全部感光都变成黑色。塔尔博特最初用水冲洗掉未感光的残留部分，取得一些效果，但终是模糊不清。

后来，塔尔博特在冲洗未感光的残留部分中添加焦性没食子酸，效果好一些。焦性没食子酸至今仍使用在显影液中。它是一种还原剂，能使未分解的溴化银或氯化银还原成银，使影像更清晰。它通称贝粉或轻粉，学名苯二酚（HOC_6H_4OH），从音译又称海特路几奴。

早在 1819 年，英国天文学家 C. L. 赫歇尔的儿子 J. F. W. 赫歇尔制得硫代硫酸钠，称它为次亚硫酸盐，简称"海波"，并发现它溶解氯化银、溴化银。于是在 19 世纪 40 年代初用作为照相中的定影剂。至今用在照相定影液中。它能除去未感光的氯化银、溴化银，使照片在光亮处保持稳定。

塔尔博特还先在感光纸上涂敷一层油，使它透明，再将它覆盖在已感光的纸上晒像，就形成和实物黑白一样的照片了，可以洗印多张，从此出现了正片和负片，成为今天照相术的基础。他在 1841 年取得专利，并于 1844—1846 年出版《自然之笔》，是最早阐明照相术的书。

涂油的感光纸容易破碎，自然使一些发明家们想创造出透明而坚固的玻璃感光板。于是出现了利用混合有感光剂的物质涂敷在玻璃板上的方法。

涅普斯的后代 S. V. de 涅普斯首先用鸡蛋白混和碘化钾涂敷在玻璃片上，然后浸放在硝酸银溶液中，使碘化银沉淀在玻璃片上，制成感光片。但这种感光片需要较长时间曝光，所以没有得到普及。

1851 年，英国摄影师阿切尔用柯罗酊混和碘化银涂敷在玻璃板上。

1871 年，美国医生、微生物学家马道赫改用动物胶混和溴化银涂敷在玻璃板上。动物胶能吸收水并膨胀，这一点很重要。因为感光剂在干了后不再感光。在不用动物胶以前，感光剂涂在玻璃片上后，必须在未干之前拍照。这样，摄影尤其是拍摄外景是非常麻烦的。到达照相地点时，首先要支起帐篷作为暗室。在里面调制感光剂，涂在玻璃板上，然后才能把底片装进照相机里照相。

硝化纤维素出现后，在 1884 年，美国开始有赛璐珞胶片出售。由于它的易燃性，后来被醋酸纤维素以及其他塑料制品取代。

第一张彩色照片是英国物理学家麦克斯韦尔在 1861 年拍制的。他分别用 3 张底板拍摄 1 条苏格兰花格带子。第一次用盛有蓝色液体的玻璃瓶做滤光镜拍摄，第二次用绿色滤光镜，第三次用红色滤光镜。他利用这 3 张拍出的底片做成 3 张分光的幻灯片，再把这些幻灯片同时放映到屏幕上，用蓝光放映由蓝色滤光镜拍出的幻灯片，并分别用绿光和红光放映第二张和第三张幻灯片。他使用红、绿、蓝这 3 种原色光凑在一起而形成的彩色像虽然原始，但却是成功的。

此后许多年，很多人在这种彩色照片基础上创造了种种方法。各种增色或减色法的胶片出现在市场上，但都不成功，因为大多数的效果不能令人满意或售价太昂贵。

直到 1912 年，德国化学家 R. 费歇尔发现一种偶合剂，它能形成不同颜色的染料，分别对蓝、绿、红色感光，把三层胶片贴在一起，制成彩色胶卷。

经几番改进，直到 1933 年美国才研制成彩色胶卷在市场上出售。1937 年与 1940 年德国和日本也先后研制成功。

根据现有资料，照相术在 1844 年传入我国。当时清朝任两广总督的清宗室者英已接受了被称为"收魂摄魄的妖术"，他接受当时法国海关总检查长拍摄的照片（现存法国巴黎摄影博物馆）。这是一张银板照片。现今北京颐和园乐寿堂悬挂着 1903 年（光绪二十九年）慈禧太后在乐寿堂庭院拍摄的黑白照片。

曝　光

　　曝光，在摄影学上是指让光线通过镜头形成结像光，进入暗箱到达感光片上，使胶片感光乳剂在光化作用中产生潜影。有时候感光胶片不恰当的暴露于光线当中而失效也叫作曝光。曝光量由通光时间（快门速度）、通光面（光圈大小）决定。

数码相机的出现

　　数码相机是集光学、机械、电子一体化的产品。它集成了影像信息的转换、存储和传输等部件，具有数字化存取模式、与电脑交互处理和实时拍摄等特点。光线通过镜头或者镜头组进入相机，通过成像元件转化为数字信号，数字信号通过影像运算芯片储存在存储设备中。数码相机的成像元件是 CCD 或者 CMOS，该成像元件的特点是光线通过时，能根据光线的不同转化为电子信号。

　　数码相机的历史可以追溯到 20 世纪四五十年代，电视就是在那个时候出现的。伴随着电视的推广，人们需要一种能够将正在转播的电视节目记录下来的设备。1951 年宾·克罗司比实验室发明了录像机（VTR），这种新机器可以将电视转播中的电流脉冲记录到磁带上。到了 1956 年，录像机开始大量生产。同时，它被视为电子成像技术产生。

　　第二个里程碑式的事件发生在 20 世纪 60 年代的美国宇航局（NASA）。在宇航员被派往月球之前，宇航局必须对月球表面进行勘测。然而工程师们发现，由探测器传送回来的模拟信号被夹杂在宇宙里其他的射线之中，显得十分微弱，地面上的接收器无法将信号转变成清晰的图像。于是工程师们不得不另想办法。1970 年是影像处理行业具有里程碑意义的一年，美国贝尔实验室发明了CCD。当工程师使用电脑将CCD得到的图像信息进行数字处理后，所有的干扰信息都被剔除了。后来"阿波罗"登月飞船上就安装有使用CCD的装置，就是数码相机的原型。"阿波罗"号登上月球的过程中，美国宇航局接收到的数字图像如水晶般清晰。

　　在这之后，数码图像技术发展得更快，主要归功于冷战期间的科技竞争。而这些技术也主要应用于军事领域，大多数的间谍卫星都使用数码图像科技。

有机化学工业发展历程

有机化学是研究有机化合物的结构、性质、制备（即有机合成）的学科，是化学中极重要的一个分支，又称为碳化合物的化学。这些化合物有可能还会加入其他的元素，包括氢、氮、氧和卤素，还有诸如磷、硅、硫等元素。

有机化学作为人类实践活动可以追述到史前。酿酒、发酵之类的工艺涉及了最初的有机化学变化，19世纪有机化学形成和完善了结构学说，到了20世纪，导致了构象分析理论的建立，从此有机化学的发展进入一个全面增长的阶段。尤其是在1921年，乙烯生产开始了石油工业的发展，随后大量的化纤、塑料、橡胶产品开始生产，石油和天然气也廉价供应，石油化工得到了蓬勃发展，有机化学工业逐步走向成熟。

化学工业主要包括合成纤维、塑料、合成橡胶、化肥、农药等方面，其飞速发展为人类带来了巨大的好处，化学制品进入了生活的各个方面，一刻也离不开。

煤的深加工

我国是最早发现和使用煤的国家。早在《汉书·地理志》中就记载着："豫章郡出石，可燃为薪。"豫章郡在今江西省南昌市附近。这种可燃的石头显然是指煤。我国考古工作者在山东省平陵县汉初冶铁遗址中发现到煤块，说明我国汉朝初期，即公元200年左右已用煤炼铁。

元朝初期，来访我国的意大利人马可·波罗在归国后写成的游记中，曾把"用石作燃料"列为专章。他写道："契丹全境之中，有种黑石，采自山中，如同脉络，燃烧与薪无异；其火候且较薪为优，盖若夜间燃火，次晨不息。其质优良，致使全境不燃他物。所产木材固多，然不燃烧，盖石之火力足而其价亦贱于木也。"当时这位欧洲人看到我国人民用煤作燃料，十分惊奇，就当作奇闻大写特写，哪知我们祖先已经使用将近一千年了。英国人到13世纪才建矿采煤。

煤

17世纪初，我国明朝末年思想家方以智（1611—1671）在他编著的《物理小识》中讲到："……煤则各处产之，臭者烧熔而闭之成石，再凿而入炉日礁，可五日不灭火，煎矿煮石，殊为省力。"这里的"臭者"是指含挥发性物质较多的煤；"礁"就是焦炭。这表明我国早在明朝末年以前就已经知道把煤放置在密闭的容器中加热炼成焦炭。欧洲在18世纪初才知炼焦，比我国晚一个世纪。

把煤放在密闭的情况下加热，除生成焦炭外，还产生煤气、粗氨水和煤焦油。煤气中含大量可燃的甲烷、一氧化碳和氢气，用作燃料。

大约在17世纪60年代末，英国已知煤加热后可以放出一种可燃的气体。到18世纪70—80年代，英国和法国先后出现干馏煤获得煤气的报道。

1792年，英国人默多克在自己的宅院里用铁罐干馏煤，将获得的煤气用于照明，并在 1802 年在伯明翰建厂，1812 年伦敦街道开始用煤气照明。

与此同时，1801 年法国人勒朋在巴黎也创建煤气厂，1820 年巴黎一些街道开始用煤气照明，到 1805 年在英国一些工厂已使用煤气，随后煤气进入家庭，1837 年 1 月 1 日伦敦已生产出 1 460 百万立方英尺的煤气，并使用管道通入千家万户。我国第一座焦化煤气厂于 1864 年在上海建立。

鼓风炉煤气又称空气煤气，是将空气通过灼热的煤层得到的又一种将煤气化的气体。煤燃烧生成二氧化碳，二氧化碳再被灼热的煤还原成可燃的一氧化碳。因此鼓风炉煤气的成分以体积计算，约有 1/3 的一氧化碳和 2/3 的氮气，还含有少量的二氧化碳。在英国也曾作为家庭燃料和照明用。除去一氧化碳后留下的氮气可作为合成氨的原料；在经过处理后也可用于内燃机中。它是 1844—1845 年由德国化学家本生和英国化学家普莱菲尔共同研制成的。在炼铁的高炉或称鼓风炉中，同样会产生鼓风炉煤气。

把少量水泼洒在红热燃烧的煤层上时，火焰会突然升起，呈现蓝色。这是由于水与碳反应，产生可燃的氢气和一氧化碳，这种混合气体被称为水煤气。一氧化碳燃烧时产生蓝色火焰，因而又称蓝煤气。

大约在 1875 年，美国一位飞艇驾驶员劳威和居住在美国的法国移民杜摩塔同时分别设计方案，将水蒸气不连续地通过红热燃烧的煤或焦炭，产生廉价的气体燃料。1888 年，英国里兹建成一座大型生产水煤气的工厂。

1889 年，出生在德国的英国工业化学家门德在利用氨碱法生产纯碱过程中，将较大量的水蒸气通过红热燃烧的煤，获得一氧化碳、二氧化碳和氢气的混合气体，作为燃料，并使煤中含氮物质转变成氨，以供制取纯碱。到 20 世纪初，利用氢气和氮气直接结合成氨的方法成功后，这种水煤气燃料变成了合成氨的原料，因其中含有氢气和氮气。

1861 年，德国 W. 西门子和 F. 西门子兄弟创建平炉炼钢法炼钢过程中，又设计制造出发生炉煤气，是将空气和少量水蒸气通过红热燃烧的煤而形成。这种混合气体主要是氮气、一氧化碳、氢气和二氧化碳，用于炼钢炉中作为燃料。

1888 年，俄国化学家门捷列夫首先提出将煤在地下气化的意见，就是将煤在地下进行不完全燃烧，产生一氧化碳等可燃性气体。门捷列夫曾写道："这样一个时代将要到来，那时煤将不需要开采，就在地下变成可燃气体，并且沿着管道输送到很远的地方去。"

苏联从 20 世纪 30 年代开始研究，50 年代里出现两座以地下气化煤气作为燃料的发电厂。70 年代美国进行了多次试验。他们创造的方法很简单。即在相距 20—50 米处钻两口井，直至煤层底部。从一口井投入烧着的木炭把煤点着，从另一口井鼓入空气。但由于注入井内的是空气，产生的气体中含有大量氮气，热能不大，长距离运输不经济，只能就地使用。

煤的液化是将煤转变成石油。化学家考虑到石油是碳氢化合物，煤中富含碳，添加氢后可能转变成石油。20 世纪初，不饱和的液体植物油经催化加氢转变成饱和的固体脂肪成功，氮气和氢气在催化加压下实现了氨的合成，鼓舞着化学家们继续从事这项试验。燃料汽油的短缺激发了化学家们不断进行实验研究。

德国化学家贝吉乌斯从 1912 年开始研究，1913 年进行了第一次实验，他将 150 千克煤粉和 5 千克氢气在一铁制高压容器中在 400℃和 200 大气压下处理 12 小时，大约 85% 煤粉转变成石油。

1916 年，贝吉乌斯得到德国煤化学企业联合会组织的资助，在德国西南部莱茵河右岸曼海姆附近莱因奥建立工厂。但由于主要生产操作问题未能解决，同时由于这是在第一次世界大战期间，德军占领了罗马尼亚油田，将煤转变成石油的急迫被缓解，因此这一工厂迟至第一次世界大战后即 1924 年才破土动工。

1926 年，贝吉乌斯得到工业化学家彼尔的协助，将操作分为两步，第一步将煤和氢气转变成重油，第二步将重油分馏成汽油，并选用硫化钨等作为催化剂，在一定温度和压力下获得成功。到 1944 年，在德国已建成 12 座人造石油工厂。1938—1945 年，整个德国生产了 1.28 亿桶（一桶按英国制等于 36 加仑，美国制等于 31.5 加仑，每加仑按英国制等于 4.546 升，美国制等于 3.785 升）石油，缓解了石油的短缺。到 1949 年，第二次世界大战结束后，德国人造的石油工厂全部被摧毁。

贝吉乌斯因研制成人造石油获得 1931 年诺贝尔化学奖。

与此同时，在 20 世纪 20 年代，德国两位化学家 F. 费歇尔和特劳普斯赫将水煤气通过金属氧化物催化剂在 200℃和适当压强下转变成碳氢化合物，作为机动车燃料，并将此碳氢化合物氧化成脂肪酸，以提供德国当时短缺的脂肪，1927 年试验成功，1935 年投入工业化生产。

第一次世界大战期间，法国尼斯一位药剂师、发明家普鲁霍姆也利用水煤气催化氢制取人造石油，1929年投入工业生产，后因经济效益不佳而停工。

还有利用煤低温干馏得到类似石油液体的方法。在2000年世界油价高涨的情况下，将煤液化以制取人造石油的方案在世界各地陆续启动。2000年9月23日《中国市场经济报》报道，据国家计委有关人士透露，我国即将实施"煤代油"计划，以利用我国丰富的煤炭资源，缓解石油供应的紧张。

另一煤的"液化"是将煤制成煤浆，将60%—70%煤和30%—40%水混和，添加保持混合物稳定的添加剂，可以利用管道输送，而且煤经过清洗后可以减少烧煤的电厂和其他用户产生的烟尘，降低城市污染。

平炉炼钢

平炉炼钢是用平炉以煤气或重油为燃料，在燃烧火焰直接加热的状态下，将生铁和废钢等原料熔化并精炼成钢液的炼钢方法。1856年，英国人西门子使用了蓄热室为平炉的构造奠定了基础。1864年，法国人马丁利用有蓄热室的火焰炉，用废钢、生铁成功地炼出了钢液，从此发展了平炉炼钢法。

煤的主要成分

煤的组成以有机质为主体，构成有机高分子的主要是碳、氢、氧、氮等元素。煤中存在的元素有数十种之多，但通常所指的煤的元素组成主要是五种元素，即碳、氢、氧、氮和硫。在煤中含量很少，种类繁多的其他元素，一般不作为煤的元素组成，而只当作煤中的伴生元素或微量元素。

一般认为，煤是由带脂肪侧链的大芳香环和稠环所组成的。这些稠环的骨架是由碳元素构成的。因此，碳元素是组成煤的有机高分子的最主要元素。

同时，煤中还存在着少量的无机碳，主要来自碳酸盐类矿物，如石灰岩和方解石等。

氢是煤中第二个重要的组成元素。除有机氢外，在煤的矿物质中也含有少量的无机氢。它主要存在于矿物质的结晶水中。在煤的整个变质过程中，随着煤化度的加深，氢含量逐渐减少，煤化度低的煤，氢含量大；煤化度高的煤，氢含量小。总的规律是氢含量随碳含量的增加而降低。

氧是煤中第三个重要的组成元素。它以有机和无机两种状态存在。有机氧主要存在于含氧官能团，如羧基（—COOH），羟基（—OH）和甲氧基（—OCH$_3$）等中；无机氧主要存在于煤中水分、硅酸盐、碳酸盐、硫酸盐和氧化物等中。煤中有机氧随煤化度的加深而减少，甚至趋于消失。

煤中的氮含量比较少，一般约为 0.5%—3.0%。氮是煤中唯一的完全以有机状态存在的元素。煤中的有机氮化物被认为是比较稳定的杂环和复杂的非环结构的化合物，其原生物可能是动、植物脂肪。植物中的植物碱、叶绿素和其他组织的环状结构中都含有氮，而且相当稳定，在煤化过程中不发生变化，成为煤中保留的氮化物。

煤中的硫分是有害杂质，它能使钢铁热脆、设备腐蚀、燃烧时生成的二氧化硫污染大气，危害动、植物生长及人类健康。所以，硫分含量是评价煤质的重要指标之一。煤中含硫量的多少，似与煤化度的深浅没有明显的关系，无论是变质程度高的煤或变质程度低的煤，都存在着或多或少的有机硫。煤中硫分的多少与成煤时的古地理环境有密切的关系。在内陆环境或滨海三角洲平原环境下形成的和在海陆相交替沉积的煤层或浅海相沉积的煤层，煤中的硫含量就比较高，且大部分为有机硫。

石油效用的三次发现

石油是动植物遗体在地壳中经过复杂的变化而形成的。考古学家们在现今伊拉克幼发拉底河两岸 5 000 多年的古建筑中，发现有利用石油沥青、砂浆的迹象。

我国东汉著名史学家班固（32—92）编著的《汉书》中记载着：高奴有洧水可熊。高奴在今天的陕西省延长县一带。洧（音委）水是延河的一条支流。"熊"是古代的"燃"字。这就是说，我国早在一世纪以前就已经发现洧水上有石油，可以燃烧。

但是长期以来，不论是我国，还是其他文明古国，在发现石油后只是直接用作燃料或照明，它冒出浓厚的黑烟，还产生强烈刺鼻的臭味。

大约到 19 世纪初，人们才开始认识从石油中蒸馏出煤油，用作燃料和照明，可以减少黑烟和不愉快的臭味。1823 年，俄国农民 B. 杜比宁和他的两个兄弟在北高加索地区盛产石油的格罗兹尼附近首先建成蒸馏石油提取煤油的装置。

1855 年，美国耶鲁大学化学教授西利曼通过分析石油的化学成分，确定石油是多种碳氢化合物的混合物，开始将石油蒸馏，获得 50% 类似煤焦的产物，供照明用。

石油开采

1859 年，德雷克首先在美国宾夕法尼亚州蒂图斯维尔钻井采油，不再是等待石油慢慢聚集到地面上来收集了。当时石油被用作外科药剂，医治"百病"。只是经过了一段时期后，美国匹兹堡一位销售石油的商人基尔接受一位化学家的劝告，按照分馏酒和水的方式分馏石油。最初只是得到含 5—8 个碳原子的碳氢化合物石脑油，即溶剂油、汽油。后来分馏出含 9—18 个碳原子的煤油，其余馏分是润滑油，用作润滑剂，残渣沥青用作涂敷屋顶防渗漏。从润滑油中又逐渐分馏出柴油、润滑油、凡士林等，并将煤油用硫酸、碱处理以脱色除臭用于照明。这大约已到 19 世纪末。

从石油中提取煤油供照明用是第一次发现石油的效用。

这时汽油却没有得到充分的利用，因为它的着火点低，又容易挥发，不仅是一遇火就着，而且是烧成一片，甚至会发生爆炸。因而当时人们视它为危险的"废料"不知如何处理。

到 19 世纪末，内燃机和汽车相继问世。内燃机和蒸汽机不同。蒸汽机是用燃料烧开锅炉里的水，产生蒸汽，再把蒸汽引进汽缸里，推动活塞工作。内燃机是将燃料引进汽缸里燃烧，使燃烧产生的气体推动活塞工作。内燃机需要易燃的液体作燃料，汽油正好符合它的要求。当内燃机安装在车上成为汽车后，汽车迅猛发展起来，接着飞机、汽艇等相继出现，汽油变"废"为宝了。这是第二次发现石油的效用。

　　电灯出现后，煤油的需要量大减。这就又促使人们尽快研究能否从石油中提取更多汽油，减少煤油产量。

　　化学家和工程师们设想，既然汽油是含碳原子较少的碳氢化合物，而煤油是含碳原子较多的碳氢化合物，能不能将含碳原子较多的分解成较少的呢？

　　到20世纪初，这种设想开始变成现实了。美国标准石油公司化学家伯顿从1910年开始研究。1913年取得专利。他将石油放进锅里加热，使煤油在一定压力下分裂成较小的分子，煤油变成了汽油，现在这个过程叫作裂化。本来从10吨石油里只能得到1吨左右的汽油，采用裂化方法后汽油的产量增加了。

　　把石油中含碳原子较多的碳氢化合物裂化成含碳原子较少的碳氢化合物过程是石油的化学加工过程，不同于石油的分馏，后者是石油的物理加工。

　　随着汽车和飞机的高速发展，出现了大型客机和超音速喷气式飞机，汽油的需求量不断增加，不仅要把煤油裂化成汽油，更希望从石油中提取出更多分量的汽油，同时对汽油的质量也提出了更高的要求。

　　汽油的蒸气与空气的混合物在内燃机的汽缸中燃烧时往往在发火前就进行爆炸性的燃烧，因而引起爆震现象。这不仅造成能量的浪费，而且也损害内燃机的汽缸。经过化学家们试验，知道爆震程度的大小与所用汽油的成分有关。

　　一般来说，直链烷烃在燃烧时发生的爆震程度最大，环状烃和带有很多支链的烷烃发生的爆震程度最小。在含有7—8个碳原子的汽油成分中，以正庚烷的爆震程度最大，而异辛烷基本上不发生爆震。正庚烷的分子结构是直链的，异辛烷带有支链。

　　于是制定出辛烷值作为汽油爆震的尺度，以正庚烷和异辛烷作为标准，规定正庚烷的辛烷值为0，异辛烷的辛烷值为100。在正庚烷和异辛烷的混合物中，异辛烷的质量分数叫作这个混合物的辛烷值，也就是通常所说的多少号汽油。

　　各种汽油的辛烷值，或多少号汽油，是把它们在燃烧时所发生的爆震现象与上述混合物比较得到的。例如，某汽油的辛烷值是80，或80号汽油，

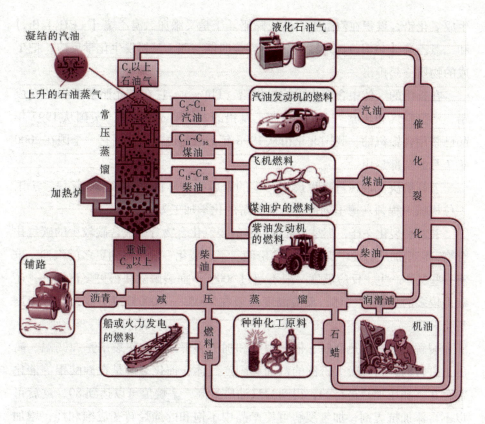

凝结的汽油

上升的石油蒸气

加热炉

常压蒸馏

C_4以上石油气

液化石油气

$C_5 \sim C_{11}$ 汽油

汽油发动机的燃料

$C_{11} \sim C_{16}$ 煤油

$C_{15} \sim C_{18}$ 柴油

飞机燃料

煤油炉的燃料

柴油发动机的燃料

汽油

煤油

柴油

催化裂化

铺路

重油 C_{20}以上

柴油

沥青　　减　压　蒸　馏　　润滑油

船或火力发电的燃料

燃料油

种种化工原料

石蜡

机油

石油分馏、裂化的产品及用途示意图

就是说这种汽油在一种标准的单个汽缸中燃烧时所发生的爆震现象与由 20%（体积分数）正庚烷和 80% 异辛烷在同一汽缸中燃烧时所发出的爆震程度相同。普通汽油并不是正庚烷和异辛烷的简单混合物，所以辛烷值只表示汽油爆震程度的大小，并不表示异辛烷在其中的含量。

由石油分馏所得汽油随原油不同，辛烷值大约在 20—70 之间，不能满足汽车、飞机燃料的要求。

第一次世界大战后不久，美国通用汽油公司的实验室里进行了许多物质的筛选研究，试图找到一种物质，把它添加到汽油里，降低汽油的燃烧爆震。终于在 1921 年 12 月 9 日找到了四乙基铅【$Pb(C_2H_5)_4$】这种化合物。据说，当时试验的人员高兴得跳起舞来。

四乙基铅是一种具有强烈气味的无色而有毒的液体，在汽油中加入少量后确实能降低爆震，被称为抗震剂。但后来发现四乙基铅在汽缸里燃烧后会

生成氧化铅，堆积在汽缸里，造成障碍。于是又添加二溴乙烷【$(CH_2)_2Br_2$】和二氯乙烷【$(CH_2)_2Cl_2$】。它们在燃烧时能与四乙基铅发生化学反应，把生成的物质一起排出。

在排出的气体中含有生成的溴化铅（$PbBr_2$），它在日光照射下会转变成铅，污染空气和环境。这使创造四乙基铅的人员陷入了困惑。美国从1995年起已禁用含铅汽油。我国北京市从1998年1月起也禁止使用它。全国在2000年7月起全部禁用。

怎样解决汽油在汽缸里燃烧产生的爆震呢？早在20世纪20年代，法国一位机械工程师乌德里创造了石油裂解的化学加工方法。

裂解和裂化一样，都是把含碳较多的碳氢化合物分解成含碳较少的碳氢化合物，以增加从石油中提取汽油的份额。不过裂化一般是得到更多的汽油，也有一些气体产生，反应温度一般不超过500℃。而裂解除获得更多汽油外，还获得较多的低碳的气体，反应温度一般在700℃—1 000℃或更高，又称深度裂化。

裂解一般分为热裂解、催化裂解和加氢裂解三种。热裂解是在高温、高压下进行的，得到较大份额的汽油和副产气体；催化裂解是在硅酸铝等催化剂存在下加压加热进行的，得到的汽油质量高，辛烷值可以达到80，这就可以不再添加抗震剂；加氢裂解可使产品中不饱和的烯烃转变成饱和烃，增加汽油的产量。

提高汽油辛烷值的方法除了催化裂解外，随后又出现重整、烷基化等化学加工方法。

"重整"顾名思义就是重新整顿，即是将汽油中所含直链烃转变成带支链的烃和环状结构的烃，也就是提高汽油的辛烷值。烷基化就是把烷基加到异丁烷或裂解产生的丙烯、丁烯等分子中，既增加了汽油的产量，也提高了汽油的辛烷值。

从裂解、裂化得到的副产气体主要是乙烯、丙烯、甲烷、乙烷、丙烷等等。它们是制造聚乙烯、聚氯乙烯、聚丙烯等塑料和人造纤维、人造橡胶、洗衣粉、农药等的原料。它们成为了化工原料。这是第三次发现石油的效用。

知识点

分　馏

　　分馏与蒸馏相同，即分离几种不同沸点的挥发性成分的混合物的一种方法；混合物先在最低沸点下蒸馏，直到蒸气温度上升前将蒸馏液作为一种成分加以收集。蒸气温度的上升表示混合物中的次一个较高沸点成分开始蒸馏。然后将这一组分收集起来。

　　分馏是分离提纯液体有机混合物的沸点相差较小的组分的一种重要方法。石油就是用分馏来分离的。

延伸阅读

石油国际贸易简史

　　石油国际贸易已有近百年的发展历史，石油国际贸易的地区和贸易量，是随着石油重点产区和重点消费区的变化相应变化的。

　　第一次世界大战以前，石油国际贸易额很小。战后，随着石油产量增加和用途扩大，石油国际贸易也得到迅速发展。

　　第二次世界大战结束以后，国际能源市场由以煤炭贸易为主转向以石油为主。20世纪70年代初，世界石油市场由美、英、荷兰等帝国主义的垄断石油资本控制的埃克森公司、美孚公司、英美石油公司、荷兰皇家壳牌公司等七家跨国石油公司组成的国际石油卡特尔所垄断。他们通过一系列协议，瓜分石油资源，控制石油的开采和炼制，垄断石油运输，划分销售市场，操纵石油价格等，垄断着世界石油市场。大部分石油流向了美、英、法、日等发达国家，石油收入的绝大部分也被这些消费国和跨国公司攫取。

　　1960年9月成立了石油输出国组织，联合起来同西方垄断资本主义的跨国石油公司展开了激烈斗争，收回了一部分被强占的石油资源，控制了一部分石油开采权和销售权。

进入 20 世纪 80 年代以来，世界石油贸易的地区有明显向多元化发展的趋势。除中东石油输出国组织成员国外，东半球的苏联、北非、西非、东南亚和西半球的墨西哥等国家的石油出口量都有所增加，国际石油市场竞争加剧。

洗涤用品的发展

传说古埃及一位法老的厨师一次不慎将一勺热牛油倒进草木灰盆中，当他的手触及混有牛油的草木灰后，用水清洗时，意外发现手洗得特别干净，于是发现了制造肥皂的方法。

牛油中的主要化学成分是硬脂酸甘油酯，草木灰中含有碱，两者混和能起皂化反应，生成肥皂和甘油。这个传说是有一定科学道理的。

西方有关肥皂的历史记载最早见于公元 1 世纪罗马学者和历史学家老普林尼的著作《自然史》中。书中谈到爱好沐浴的罗马人将草木灰和动物油脂放进水中煮沸，并不断搅拌，直至呈现稠厚状，用来擦洗身上的污垢。

伊莉莎白一世

12 世纪末，英国根据女王伊莉莎白一世的指令，在英格兰西南部港口城市布里斯托尔开设了一个肥皂作坊，用羊脂和草木灰制造肥皂。13 世纪，法国人在地中海海港城市马萨里亚（今名马赛）开设了制肥皂的作坊。德国人生产肥皂较晚。1672 年，一位德国人从意大利邮寄一包肥皂给一位公爵夫人，在当时竟成为一条新闻报道。

路布兰制碱法出现后，1791 年在欧洲出现了用这种新的碱生产的相当粗糙的肥皂。

1815 年，法国化学家谢弗罗尔发表研究皂化反应的成果，指出皂化反应生成肥皂和甘油，阐明肥皂在浓的食盐水中不溶解，而甘油在食盐水中的溶解度很大，因而可以利用加入食盐的方法，把肥皂和甘油分开。于是在生产实践中将动物油脂与碱在大锅中熬煮一段时间后倒进食盐细粉，大锅中便浮出一层黏稠的膏状物，利用板块将它刮到肥皂模中，冷却后就成了一块块肥皂。

1870 年前后，英国在肥皂制造中首先添加硅酸钠作为填充剂。1850 年，开始使用松香，后来又添加各种香料。随着肥皂知识的积累和肥皂需求的增加，将动物油脂改用植物油的生产增多，所采用的植物油有来自斯里兰卡的椰子油和非洲的棕榈油。

我国古代劳动人民很早就用天然产物洗涤衣物。最早使用的是草木灰和天然碱，除此以外还发现不少植物的根、叶、果实可用来洗涤。皂荚是常用的一种，其他是茶籽饼、无患子、马粟等。这些植物体中含有 5%—30% 的皂素（一种中性的高分子化合物），在硬水和软水中都能形成持久的泡沫，使丝毛织物洗后具有较好的光泽和手感。但皂素有毒。

公元 5 世纪我国农业科学家贾思勰编著的《齐民要术》中讲到猪胰子可以去垢。这是因动物的胰腺含有多种消化酶，可以分解脂肪、蛋白质以及淀粉，有去垢作用。到清朝末年，市场上出现"桂花胰子"、"玫瑰胰子"等洗涤用品。这是将猪胰、砂糖、天然碱、猪油脂和香料等混合研磨，搅拌压制成球形或块状，是我国创制的肥皂。当欧美肥皂传入我国后，就有"洋胰子"的名称。洋胰子在我国开始出现在 19 世纪 60 年代初，英、德等商人先后来我国建厂生产肥皂。中国人自己经营的第一家肥皂企业是 1903 年宋春恒创办的天津造胰公司。

肥皂是一种洗涤剂，是一种表面活性剂，是一种能够降低液体表面张力的物质。液体表面张力是液体表面分子受内部分子吸引而使液体趋向收缩的一种力。空气中的小液滴、树叶和小草上的露珠都呈球形就是表面张力的缘故。在一小瓶水中滴进几滴油，即使盖上盖子用力摇荡后，油还是小油珠，这也是表面张力的缘故。

肥　皂

可是往有小油珠的水中加入少量肥皂水，情况就不同了，摇荡后油和水不再分开了，而是形成牛乳一样的乳状液。

肥皂的主要化学成分是硬脂酸钠（$C_{17}H_{35}COONa$），它在水中离解。

$C_{17}H_{35}COO^+$ 这个硬脂酸根离子的一端是 $C_{17}H_{35}$—基，另一端是—COO 基。

$C_{17}H_{35}$—基是疏水性的，能溶解在油中，不能溶解在水中，称为疏水基或亲油基；—COO 基是疏油性的，能溶解在水中，不能溶解在油中，称为亲水基或疏油基。

用肥皂洗衣服时，亲油基进入油中，亲水基留在水中，经过揉搓，一起进入水中。

肥皂作为一种洗涤用品，为人类服务了 1 000 多年，功不可没。可是随着人类文明的进展和社会的需求，它面临的挑战越来越强烈。

首先，在肥皂生产中需要油脂，每生产一块肥皂大约要消耗 100 克油脂。随着全世界人口的不断增长，食用油脂供应日益紧张。生产肥皂的另一原料烧碱同样随着工业的发展，供需矛盾也日益突出。

其次，用硬水洗衣服，肥皂会与硬水中含有的钙离子、镁离子结合，生成不溶于水的沉淀物，不但浪费肥皂，而且这些沉淀物会牢牢被吸附在织物纤维的空隙中，使衣服变黄、发硬。

1916 年第一次世界大战期间，德国油脂短缺，寻找肥皂的代用品时，曾利用土耳其红油。这种油是 1834 年由德国化学家隆格将橄榄油经硫酸化（或称磺化）而制成的。由于英国一家印染厂主克鲁姆用廉价的蓖麻子油代替橄榄油制成了它，用作土耳其红色染料的助剂而得名。它的分子中也含有亲油基和亲水基，具有润湿、乳化、分散等作用，除用于染色外，也用于制革、造纸。但用于洗涤却不显作用。

德国巴迪希苯胺和纯碱公司的科研人员冈瑟研制成的烷基萘磺酸和烷基萘磺酸钠，分别以商品在市场上出现，是很好的润湿剂，但不是很好的洗涤剂。

20 世纪 30 年代初，在德国和英国相继出现烷基磺酸钠，接着出现的是烷基苯磺酸钠盐。它们的分子中都含有亲油基和亲水基，被用作家庭用洗涤剂。

由于用量增大，在河流和污水处理中发生了泡沫问题。这个问题大约在 1947 年开始受到注意，到 1963 年已成为很尖锐的问题。

洗衣粉不能说就是洗涤剂。洗衣粉是含有洗涤剂和各种助洗剂、辅助的混合物。合成洗涤剂一般只占洗衣粉全部重量的25%—30%，其余是漂白剂、乳化剂、荧光增白剂、防腐剂以及酶等等。

漂白剂一般是漂白粉。助洗剂通常用三聚磷酸钠，能除去水中钙、镁离子，防止污垢再沉淀。但近年来发现它流入江河湖泊中，造成藻类大量繁殖，影响鱼类生存，也造成水污染，因此各种无磷洗衣粉相继问世。乳化剂通常用羧基甲基纤维素钠，它溶于水，在纺织工业中代替淀粉上浆，在医药工业中用作药膏、软膏的基料，添加在洗衣粉中能提高洗涤液黏性，润湿织物，稳定泡沫和保护织物柔软。也有洗衣粉中添加柔软剂，它是一种带有长链的有机化合物，在水中产生阳离子，因为织物在清洗过程中往往产生负电荷。荧光增白剂能吸收肉眼看不见的紫外线，然后把它转变成白色的可见光，因此经过洗涤后的纺织品在日光照射下显得特别洁白。泡沫剂能增加泡沫，吸附水中的油质和污垢。酶在一定温度下对血迹、奶渍、肉汁等有分解破坏作用。为了防止洗涤过程中对金属洗涤器皿的腐蚀。往往添加硅酸钠等作防腐剂。而为了防止洗衣粉结块和残留在织物上，又添加硫酸钠等。

洗衣粉是粉末状的固体。除此以外，洗涤产品也有液体、膏状的，主要成分还是洗涤剂。如洗发香波中加入泡沫剂，另加入羊毛脂、甘油等，除了清洗作用外，还会使头发柔软。用于洗涤餐具的，添加抑制和杀灭细菌的物质。

烷基苯磺酸钠和肥皂同为阴离子型表面活性剂，因为它们在水中离解成一个带有长链的疏水基与短亲水基的阴离子。它们是洗涤用表面活性剂中主要的一大类，占总产量的65%—80%，用量最大，应用最广。

其次，还有阳离子型表面活性剂，在水中离解成一个带有长链的疏水基与短亲水基的阳离子。用于杀菌、消毒，在纺织印染工业中可用作纤维的柔软剂、匀染剂、防霉剂、固色剂、抗静电剂等。

再次，还有非离子型和两性离子型表面活性剂，其种类繁多。合成洗涤剂的产量逐年增长，已大大超过肥皂的产量了。

皂 荚

皂荚为中国独有树种。是一种落叶乔木或小乔木植物，高约5—10米，最高可达30米，胸径120厘米，树冠扁球形。树皮粗糙不裂，暗灰色或灰黑色。果为木质荚果，条形或镰刀形，但不扭转，基部渐狭成长柄状，果肉稍厚，两面臌起，长约5—37厘米，宽约1—4厘米；或有部份荚果短小，呈柱形，长约5-30厘米，宽约1—3.5厘米。

皂荚树因其能抗风、抗寒、耐酸碱、适应性强等特性，适合作绿化树种；果实能提出植物胶，能提高面粉的品质；种仁因含丰富的微量元素、氨基酸及半乳甘露聚糖，可供制作保健饼干、面包及饮料等食品；荚果煎汁能作天然洗涤剂，为洗发产品的天然原料；木质坚硬但易开裂，耐腐耐磨供制作家俱及建筑中的柱与桩。

洗衣粉的分类

洗衣粉是合成洗涤剂的一种，是必不可少的家庭用品。目前市场上的洗衣粉主要有以下三种分类，各具特点：

1. 普通洗衣粉和浓缩洗衣粉

普通洗衣粉，颗粒大而疏松，溶解快，泡沫较为丰富，但去污力相对较弱，不易漂洗，一般适合于手洗；浓缩洗衣粉颗粒小，密度大，泡沫较少，但去污力强（至少是普通洗衣粉的两倍），易于清洗，节水，一般适宜于机洗。

2. 含磷洗衣粉和无磷洗衣粉

含磷洗衣粉以磷酸盐为主要助剂，而磷元素易造成环境水体富营养化，从而破坏水质，污染环境。无磷洗衣粉则无这一缺点，有利于水体环境保护。为了我们生活环境的健康，建议使用无磷洗衣粉。

3. 加酶洗衣粉和加香洗衣粉

加酶洗衣粉就是洗衣粉中加有酶，加香洗衣粉就是洗衣粉中加有香精。加酶洗衣粉对特定污垢（如果汁、墨水、血渍、奶渍、肉汁、牛乳、酱油渍等）的去除具有特殊功能，同时其中的一些特定酶还能起到杀菌、增白、护色增艳等作用。加香洗衣粉在满足洗涤效果的同时让衣物散发芳香，使人感到更舒适。

天然橡胶的硫化

天然橡胶是一种有机物质，是由从热带丛林中高大的橡胶树切口流出的乳汁凝固成的。根据西班牙宫廷历史学家 1615 年的记录，欧洲人知道橡胶是从移居葡萄牙的意大利航海家哥伦布在 1498 年第二次远航去美洲新大陆带回的橡胶球开始的。

在科学文献里，首先记录橡胶的性质、采集及其应用的是法国科学家拉康达明写给法国科学院的特别备忘录。1735 年，拉康达明参加巴黎科学院派往南美洲厄瓜多尔测量纬度的平行线，以确定地球的真实形状。他在那居住了 8 年，回到法国后，向科学院提交了一份报告，报告中叙述道：当地印第安人从橡胶树干上割取乳

橡胶树

胶，倒在衣服上做成防雨的遮披，用泥坯模型浸制成胶鞋和软的盛水容器，当地人称它为"流泪的树"。这一词至今保留在法文"橡胶"中。拉康达明并把橡胶样品带回巴黎。

橡胶被带到欧洲后没有得到应用，因为它在夏天发黏，冬天变硬，很难处理。

1768 年，法国化学家马凯将橡胶溶解在乙醚中，涂敷在布匹上制成一双

骑马的长筒靴，赠送给一位文艺名流。1770年，英国化学家普利斯特里发现橡胶可以用来擦去铅笔字迹，就称它"摩擦物"，成为英文中橡胶的名称。1791年，英国人彼尔将橡胶溶解在松节油中，然后涂敷在布匹上，作为防雨布出售，使橡胶获得了实际应用。

1823年，英国化学制品商人马辛托希又将橡胶溶解在石脑油中，涂敷在布匹上，制得防雨布。但是这种防雨布和彼尔制成的防雨布一样，在冬天的雨水中变硬，夏天散发出难闻的气味，且易脱落。

1835年，马辛托希的合伙人韩可克在制造防雨布过程中，为了使橡胶易溶解在石脑油中，先将橡胶撕成碎块，为此他制成一种撕碎橡胶的机械，由两个转动的带齿的圆筒组成。但在试用时与他预想的结果恰恰相反。橡胶不但没有被撕碎，反而失去弹性，黏成一团。于是他就干脆把它与原来切下的废边料捏合在一起使它们成块重新利用。这样逐渐演变成今天橡胶制品过程中的塑炼，或称塑炼过程，是提高橡胶可塑性必不可少的过程。今天橡胶的塑炼是将橡胶放置在表面光滑的两辊轴中旋转辗压。橡胶在经过塑炼后达到柔软适度，才可添加其他各种添加剂。

为了消除橡胶制品冷时变硬和热时发黏的缺点，不少人在从事着研究。韩可克在操作橡胶制品过程中，添加了各种物质，如沥青、煤焦油等，发现掺入硫黄可以提高橡胶的弹性。1843年他取得英国橡胶加硫的专利。他的一位朋友提出用希腊神话中的火神表示橡胶硫化。

接着，发明利用硝化纤维素制造塑料的帕克斯，创造出橡胶冷硫化方法，是利用硫的氯化物——氯化硫（S_2Cl_2）掺入橡胶中。1853年，他利用植物油硫化橡胶，生产硫化油胶，至今仍用在橡胶工业中。

到1851年，英国每年进口橡胶已达700吨。

橡胶硫化是指生橡胶与硫黄、促进剂等在一定温度和压强下作用而成熟橡胶的过程，可使橡胶在较大温度范围内具有塑性小、强度大、溶解度小和弹性高等优点。在硫化过程中，硫与生橡胶进行化学反应，减少橡胶分子的不饱和性，使橡胶的线型分子通过硫交联形成交联网络。硫化剂除硫黄外，也可用其他含硫或不含硫的物质。

在美国最早进行橡胶硫化的是一位橡胶制品厂主哈瓦德。这是在橡胶表面撒上硫黄，放在日光下曝晒。1838年，他的合伙人古德意以200美元购买了这家橡胶制品厂，也购得这种橡胶表面撒硫黄的专利。古德意认为这种方法只是表面硫化，需要进一步试验研究。他在 1839 年取得成功，但未能找到赞助人，保持秘密 5 年之久。

据美国出版的一本《工业化学概论》中说：古德意在自己家中进行着硫黄掺入橡胶的试验。他的妻子讨厌硫黄的气味，因此他不得不等待他的妻子离开家的时候进行试验。一天，他的妻子突然按原定时间提前回家，他只得将掺入硫黄的橡胶藏匿在热炉子旁边，第二天早晨发现橡胶在受热后不仅不发黏，而且变得柔韧了，拿到室外寒冷的空气中也不再变硬。就是这样，他完成了橡胶热加硫的化学工艺。

关于古德意发现橡胶热加硫的化学工艺，还有不少如上述类似的叙述，说明古德意的发现是偶然的。但是这种偶然性在许多科学技术的发明创造中往往是寓于必然性之中的，只有在长期不断的试验中才有可能出现这种偶然性。

古德意在所继续进行的试验研究中还发现了橡胶硫化的第一个加速剂——白铅【碱性碳酸铅 $2PbCO_3 \cdot Pb(OH)_2$】。他的一个兄弟 N. 古德意在 1851 年还发现在橡胶硫化过程中硫

硫 黄

的用量影响到橡胶的性质，发现在橡胶中掺入较大量硫（达 40%—50%）时，将形成硬橡胶，这是最早的适于模压的热固性塑料，并取得专利。

直到 1841 年，古德意才生产出一些硫化橡胶的产品。1843 年他生产了各种橡胶制品，1844 年取得美国专利。1851 年他的产品在英国伦敦举行的世界博览会上展出，获得最高荣誉奖章；1855 年在法国巴黎世界博览会上展出，获得金质奖章，而且他本人也成为法国皇帝拿破仑三世荣誉军团的官员。

古德意从 17 岁起在一家五金商店当学徒，后来当上进口商人，26 岁建立起自己的五金商店，曾获得机械设计方面的几个专利，并在 1835 年获得纽约机械协会颁发的银质奖章。他在发现橡胶加热硫化的方法后并未获利，原

因是他在获得专利权后，由于缺少资金不得不借贷，同时负担着高额专利权税，并且侵犯专利的事不断发生。一些急于求富的人制造赝品进入市场，致使他的橡胶制品声誉受到损失。只是到后来他获得利润后才还清了债务。

1898年，以古德意姓氏命名的古德意轮胎公司成立，至今仍享誉世界各国，如在北京一些繁华的街道地区矗立着"固特异"轮胎的广告招牌，商人们用"（坚）固特（别）（奇）异"的译音以吸引人。

橡胶硫化后使无法应用的天然橡胶获得愈来愈广泛的用途，开辟了化学工业的一个新领域。但是科学技术的发展是永无止境的。

为加速橡胶的硫化和降低硫化的温度，又出现硫化加速剂。前面提到的古德意发现的白铅就是一种加速剂。

1906年，美国阿克隆钻石橡胶公司的工程技术人员翁斯拉格发现苯胺可加速硫化过程。苯胺很快被应用到生产实际中。接着各种加速剂被应用在生产中，成为各公司的重要技术秘密。

硫化促进剂的应用使硫化速度提高6—8倍，并大大降低了硫黄的用量，可以从原来的10份降低到3份以下。

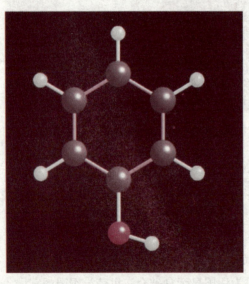

苯 酚

在硫化橡胶中添加硫化促进剂的同时，又发现了另一些化学物质能增强橡胶制品的性能，例如，添加氧化锌（ZnO），最初只把它看作填充剂，不久就发现它还具有增强作用。1912年，美国一家橡胶公司开始在橡胶中添加炭黑，以增强橡胶的耐磨损力。添加了炭黑的轮胎明显比没有添加的能行驶更多千米。现今玻璃纤维、尼龙、聚酯等都被用来加强橡胶的强度。

在使用橡胶制品过程中，又发现橡胶制品长期暴露在空气中会变质，研究结果表明是由于过氧化物的生成。于是，在20世纪20年代开始在硫化橡胶中添加抗氧化剂，如芳香胺、苯酚、苯醌、亚磷酸盐、硫的化合物等，使硫化橡胶质量不断提高。

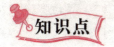

石脑油

　　石脑油，俗称轻油、白电油，英文名：Naphtha。是石油提炼后的一种油质的产物。它由不同的碳氢化合物混合组成。它的主要成分是含5到11个碳原子的链烷、环烷或芳烃。石脑油可用作提炼煤气之用。

　　石脑油在常温、常压下为无色透明或微黄色液体，有特殊气味，不溶于水。密度在 $650-750kg/m^3$。硫含量不大于 0.08%，烷烃含量不超过 60%，芳烃含量不超有 12%，烯烃含量不大于 1.0%。

橡胶树的世界分布

　　橡胶树原产于巴西亚马孙河流域马拉岳西部地区，主产巴西，其次是秘鲁、哥伦比亚、厄瓜多尔、圭亚那、委内瑞拉和玻利维亚。现已布及亚洲、非洲、大洋洲、拉丁美洲40多个国家和地区。种植面积较大的国家有：印度尼西亚、泰国、马来西亚、中国、印度、越南、尼日利亚、巴西、斯里兰卡、利比里亚等。我国植胶区主要分布于海南、广东、广西、福建、云南，此外台湾也可种植，其中海南为主要植胶区。30多个国家的热带地区引种栽培，而以东南亚各国栽培最广，产胶最多。马来西亚、印度尼西亚、泰国、斯里兰卡和印度等5国的植胶面积和产胶量占世界的90%。

　　中国早自1904年以来，分别引进到云南、广西、广东、福建和台湾等地海拔在500米以下的平地、台地或山丘栽培，但在某些高原区，把橡胶树种植在海拔700—1 000米高处，如能加强管理，也能生长良好，产胶正常。

人造橡胶的发展

　　橡胶硫化后使它获得较广泛的应用，从炎热的南美洲野橡胶树切口流出的天然橡胶供不应求了。1876 年，英国的巴西咖啡种植园主维克汉秘密收集了 7 万多颗野生橡胶树的优良种子作为稀有植物标本偷偷运送到英国港口城市利物浦，英国当局立即在皇家植物园进行精心栽培，虽然仅有 4% 的种子发芽，但毕竟成活了。于是幼苗被运往东南亚殖民地即今天的斯里兰卡、马来西亚等地，开辟了橡胶园。于是野生橡胶被种植橡胶代替，橡胶供应得到缓解。

　　20 世纪 50 年代初，橡胶树北迁试种在我国获得成功，打破了国际上长期认为北纬 17°以北是橡胶禁区的结论。在北纬 18°—24°的广西、云南等地区大面积种植了橡胶树。

　　1888 年，英国人邓洛普组建的橡胶公司首先制成可以充气的橡胶车胎，供自行车、汽车、飞机使用，使橡胶制品从雨衣、雨鞋转入各种车辆轮胎的制造。种植橡胶的供应量虽然到 1912 年已经超过了巴西的出口量，但已供不应求了。20 世纪初，汽车、飞机需要量大增，更感供应不足。1942 年，日本占领东南亚，割断了全世界 90% 的橡胶供应，于是人造橡胶应需求而生。

　　石油化工的成果给人造橡胶提供了原料，促进了人造橡胶的生产。

　　化学家们对天然橡胶化学成分的分析和高分子化学理论的研究使人造橡胶得以实现。

　　天然橡胶的化学成分早在 1826 年经英国化学家法拉第分析，确定它是碳和氢的化合物。

　　1860 年，英国斯旺西师范学院化学讲师威廉斯将橡胶蒸馏，获得产物，鉴定是异戊二烯，是分子中含有 5 个碳原子并且有两个双键的烯烃 $\Downarrow CH_2 =$ $CH—CCH_3 =CH_2$，是正戊烯的同分异构物，是橡胶的基本组成成分。

　　1879 年，法国化学家布却特在实验室中将异戊二烯与氯化氢作用，得到具有弹性的类似橡胶的物质。

　　1882 年，英国马逊大学化学教授蒂尔登从松节油得到异戊二烯，盛装在瓶中，几年后，在 1892 年打开瓶塞时，发现淡黄色黏稠体漂浮在液体中，确定此黏稠体正是橡胶。这可被认为是最早合成的人造橡胶，现在存在于英国南肯辛顿科学博物馆中。

1905—1912年，德国柏林大学化学教授哈里斯利用臭氧（O_3）使天然橡胶降解，确定天然橡胶的分子是线型分子，分子中的组成单位异戊二烯头尾相接。

20世纪20年代初，德国化学家斯陶丁格提出高分子化合物概念，把当时看作低分子的一些具有胶体特性的物质——淀粉、纤维素、蛋白质、橡胶等，认为是由几千到几万个碳原子联结成的大分子，提出聚合物概念。认为聚合物是指同一原子团重复以正常化合价联结起来的长链分子。

一个高分子化合物的分子量通常在10 000以上，而水的分子量只有18，二氧化碳的分子量只有44。高分子的名称由此而来。

化学家们在了解到天然橡胶的化学组成和分子构造后就着手合成它了。

由于异戊二烯只能从松节油等少数天然物质中取得，要大规模地将它投入生产人造橡胶似乎有些不可能。于是，化学家们找到来自石油化学加工的产品如丁二烯、苯乙烯、异丁烯等与异戊二烯类似的具有双键的化合物作为人造橡胶的原料。

第一个人工合成的人造橡胶是甲基橡胶，是1900年俄国化学家康达柯夫提出的。他发现一种与异戊二烯相似的化合物2，3—二甲基—1，3—丁二烯↓（$H_2C = C$（CH_3）—C（CH_3）$= CH_2$），可以聚合成橡胶类似物。这一物质可以利用丙酮制取。德国在第一次世界大战期间（1914—1919年）在西北部化学工业舞心莱弗库森建厂生产了甲基橡胶2 000吨以上，供卡车轮胎制造。但是轮胎很快就被磨损，如果添加炭黑，情况也许会改变，同时由于当时没有设计成一条比较有效的生产路线，需要在30℃—70℃下聚合2—6个月，产品不但质量差，而且成本也高，因此第一次世界大战后即停止生产。

橡胶轮胎

由于对橡胶的需求，德国化学工业不断继续寻找新方法。20 世纪 30 年代，德国闻名的巴迪希苯胺和纯碱公司的科技人员用丁二烯分别与苯乙烯、丙烯腈共聚合，生产布纳 S 和布纳 N 两种合成橡胶。金属钠在它们聚合反应中用作催化剂。S 是 "苯乙烯" 一词的第一个字母；N 是 "丙烯腈" 一词中 "腈" 的第一个字母。我们将布纳 S 称为丁苯橡胶，布纳 N 称为丁腈橡胶。

丁苯橡胶在当时由于质量远不能与天然橡胶相比，未立即投入工业生产。而丁腈橡胶因具有耐油特性，1935 年就开始有商品出售。第二次世界大战期间（1941—1946 年），由于天然橡胶奇缺，经过改进生产工艺后生产出耐磨、耐老化和抗臭氧等优良质量的橡胶，并能与天然橡胶以任意比例混合，成为今天合成橡胶中生产量最大的品种。我国生产的丁苯橡胶有丁苯—10、丁苯—30 和丁苯—50 等不同品种。后面的数字表示单体苯乙烯在单体中的总质量分数。苯乙烯含量增多，耐溶剂性能增加、弹性下降、可塑性上升、耐磨性提高、硬度加大。登山运动员穿着的登山鞋便是丁苯—50 橡胶的制品。如果苯乙烯配比在 50% 以上，所得的丁苯橡胶称为高苯乙烯丁苯橡胶，它具有塑料的属性了。

美国生产的第一种人造橡胶是聚硫化物，是在 1927 年由帕特里克和诺金用二氯乙烷 $[Cl(CH_2)_2Cl]$ 和四硫化钠（Na_2S_4）进行缩聚反应制得的。缩聚反应和聚合反应一样生成聚合物，只是除生成聚合物外还生成了小分子副产物。

它是一种抗溶剂的弹性体，我们称为聚硫橡胶。这种橡胶具有令人非常不愉快的臭味，用作包裹电缆外皮和制作汽油软管。这种橡胶还可以制成低聚的液体，若在室温下添加二氧化铅，很容易转变成固体弹性体，广泛用作堵塞漏缝的材料和固体火箭推进剂的包装材料。

另一种美国首创的人造橡胶是新戊二烯，我们称它为氯丁橡胶，是 20 世纪 30 年代尼龙创造人卡罗泽斯和他的同事们研制成功的，这是利用氯丁二烯（CH_2＝CCl—CH＝CH_2）聚合而成，是利用乙炔为基本原料制成的。

氯丁橡胶的耐磨耐热性能都比较好，有 "万能橡胶" 的美称，用作电缆包皮、胶管、运输带、轮胎的制造。

20 世纪 30 年代，美国还开拓了一种丁基橡胶，是由异丁烯和少量（2.5%）异戊二烯在三氯化铝（$AlCl_3$）催化作用下共聚合制成，它是由美国标准石油公司的两位化学家斯帕克斯和托麦斯研制成的。

　　这种橡胶的气体密封性很好，是其他任何橡胶不可相比的，是制造轮胎内胎、探测气球、防辐射手套和其他气密性要求较高的原材料。它还有很好的耐酸和有机溶剂性能，因此用于化工设备的内衬。

　　在苏联，差不多和在德国、美国一样，也在从事人造橡胶的研究。1926年，苏联最高经济会议悬赏征求制取合成橡胶的方法。1927年12月31日（悬赏征求限期前一天），苏联化学家列别捷夫上交了实验室中合成的人造橡胶2千克。1928年两座试验工厂开工，1933年开始工业生产。这是利用丁二烯在金属钠的催化作用下聚合而成的，因而它被我们称为丁钠橡胶。列别捷夫还创了从乙醇制取丁二烯的方法，而乙醇可以利用廉价的马铃薯发酵制取，于是土豆变成了橡胶。可惜聚丁二烯橡胶质量不好，没有得到大力发展。

　　1953—1955年出现齐格勒·纳塔催化剂，定向聚合物得以合成。定向聚丁二烯得到化学家们的青睐，于是在1958—1962年，合成橡胶工业发展了三种新型品种：顺式聚丁二烯橡胶（简称顺丁橡胶）、顺式聚异戊二烯橡胶（又称异戊橡胶）和乙丙橡胶。

　　化合物的分子是有立体结构的。天然橡胶分子中的单体异戊二烯就有顺式和反式两种立体异构聚合物。天然橡胶98%以上是顺式结构，古塔胶（又称古塔波橡胶）和杜仲胶是反式结构。古塔胶由马来西亚、印度尼西亚等热带地区产的山榄科植物的树皮和树叶中的乳胶制得。我国的杜仲树也含这种胶。

　　顺丁橡胶弹性好而且耐磨显著，在20世纪60年代中期和末期发展很快，就产量而言，它仅次于丁苯橡胶而高于氯丁橡胶，居第二位。

　　异戊二烯橡胶中的单体异戊二烯本是化学家们长期以来想从天然橡胶中找到的单体。化学家们在寻找它以聚合成天然橡胶期间里不得不以它的类似化合物取代，制成了各式各样的橡胶。

　　随着石油化学加工方法的不断发展，异戊二烯被生产出来。但是由于许多生产异戊二烯的方法还不够完善，因而用它聚合成聚异戊二烯橡胶仍有不少困难。这种橡胶与其他合成橡胶相比，就成分来说，它是一种合成的天然橡胶；就性能来说，虽然在某些方面超过了天然橡胶，但是在加工性能、弹性等方面还不如天然橡胶，而且做成的轮胎在行驶中产生的热量大。

　　乙丙橡胶是由乙烯和丙烯共聚合而成的。

　　乙丙橡胶于1954年合成，1960年正式投入工业生产。各国普遍重视乙丙橡胶生产的原因是原料丰富，价廉易得，产品具有耐臭氧、耐老化、电绝缘性等性能。但不易硫化和不易黏接等问题限制了它的应用。

从第一种人造橡胶问世以来，短短的几十年中合成橡胶的品种和数量都有很大发展，人造橡胶的产量已经大大超过天然橡胶的产量了。

知识点

松节油

以富含松脂的松树为原料，通过不同的加工方式得到的挥发性、具有芳香气味的萜烯混合液称为松节油。松节油的成分随树种、树龄和产地的不同而异，用马尾松松脂加工优级和一级松节油。松节油是一种优良的有机溶剂，广泛用于油漆、催干剂、胶黏剂等工业。近年来，松节油更多地用于合成工业。

延伸阅读

炭黑与橡胶

炭黑是烃类在严格控制的工艺条件下经气相不完全燃烧或热解而成的黑色粉末状物质。其成分主要是元素碳，并含有少量氧、氢和硫等。炭黑粒子近似球形。

炭黑是最古老的工业产品之一。在橡胶加工中，通过混炼加入橡胶中作补强剂（见增强材料）和填料。炭黑的粒径越细，其补强性能越优越；炭黑结构度越高，其定伸应力及模量越高。

细粒径的补强性品种主要用于轮胎胎面，赋予轮胎优良的耐磨性能。轮胎的其他部位，如胎侧、帘布层、带束缓冲层和内衬层，要求胶料耐曲挠龟裂、耐臭氧氧化、具有良好的回弹性和较低的生热性能，一般选用较粗粒径的半补强型炭黑。

由于全球炭黑需求的 91% 与其作为橡胶填料的用途有着密切的联系，所以炭黑市场的走势与橡胶和轮胎工业休戚相关。全世界范围内，每100份橡胶要消耗43份炭黑。

除了全世界使用的橡胶总量外，对炭黑的需求还受到橡胶制品结构的影响，特别是轮胎用橡胶与非轮胎用橡胶的百分比。这是由于，与非轮胎橡胶制品相比，平均来说，轮胎胶料需要的炭黑用量较大。

归根结底，机动车产量和机动车保有量（即在用车辆数）是轮胎、橡胶和配合材料领域的主要拖动力。

聚乙烯与聚丙烯的产生

聚乙烯的单体乙烯早在18世纪末就被荷兰化学家们制得。20世纪20—30年代石油裂解方法出现，产生大量乙烯。

将这种气体聚合成固体聚乙烯是化学家们研究高压对化学反应作用的成果。20世纪初，在合成氨、油脂氢化等反应中应用高压取得成功后，引起化学家们对化学反应中利用高压的研究发生兴趣。

1931年，英国帝国化学工业公司的化学家们、工程师们设计了装置设备，研究在3 000大气压下将两种和多种有机化合物反应的效应。1933年，福西特和吉布森两位化学家将乙烯和苯甲醛（C_6H_5CHO）的混合物在170℃和1 400大气压下进行反应，结果发现在反应器内壁出现一层薄的白色蜡状固体，测验结果是乙烯的聚合物。于是单独使用乙烯进行重复试验，反应猛烈，致使设备破裂，产生氢气、甲烷和游离的碳，没有聚乙烯产生。

1935年12月，帝国化学工业公司的另几位化学家通过更新设备，在180℃和1 000—2 000大气压下重复进行乙烯的聚合反应。试验开始后，由于反应器密封不太好，压力逐渐下降，但是结果出乎意料，得到8克聚乙烯。经过仔细反复研究，化学家斯瓦洛认为试验成功具有偶然性。由于反应器密封不好，漏掉一部分乙烯，却进入微量空气中的氧气，它起了乙烯聚合反应的催化剂作用。

福西特和其他参与试验的化学家们于1936年共同申请专利，1937年9月6日被批准。帝国化学工业公司于1939年建成一个50升容量的反应器，进行试生产。到1939年底，聚乙烯产量已达到百吨规模。

第二次世界大战期间，聚乙烯开始作为高频雷达电缆等军用物资。高压聚乙烯的制造技术就从英国帝国化学工业公司转移到同盟国美国的杜邦公司和联合碳化物公司。1943 年这两家公司开始投产。

　　二次大战前后，作为轴心国家的德国、日本也对聚乙烯进行了研究和生产。1938 年，在德国几乎与英国帝国化学工业公司同时研究了聚乙烯的高压生产，但进展速度较慢。到 1944 年，即临近大战结束时，德国的法本公司才达到月产 5—10 吨的生产规模。战后，西德巴迪希苯胺和纯碱公司引进了英国的技术开始建厂投产。

　　日本早在战争期间里就从被击落的美国 B29 轰炸机的雷达反馈电线上发现到这种具有挠曲性的白色蜡状物，引起重视。后来查清就是英国帝国化学工业公司专利中所说的聚乙烯。当时日本从事高压化学研究的京都大学、大阪大学的几位研究人员接受日本军事当局的委托，组织了聚乙烯研究小组进行研制。

　　但由于当时日本技术条件和材料水平的限制，遇到许多困难，花费很大精力，直到 1944 年才制得 6.3 克聚乙烯产品。当他们开始设计日产 20 千克的中间试验时，战争就结束了。战后一段时间内停止了研制工作。但因聚乙烯能代替铅作电缆包裹材料，并能作海底电缆的绝缘材料，所以日本要求重新研制的呼声又高涨起来。从 1951—1953 年日产 10 千克规模的装置继续得到研究。到 1955 年，日本也从帝国化学工业公司引进专利，于 1958 年开始工业生产。

　　高压聚乙烯的生产对设备要求较高，操作比较困难，促使化学家和工程技术人员们研究它在低压下的生产。到 20 世纪 50 年代，低压生产聚乙烯就已经实现。1953—1954 年，美国和德国公司的化学家们同时申请低压下聚合乙烯的技术专利。美国标准石油公司提出用氧化钼或钼酸钴作催化剂，美国菲利普石油公司提出用氧化铬作催化剂。德国化学家齐格勒提出用有机金属化合物三乙基铝 $[Al(C_2H_5)_3]$ 和四氯化钛（$TiCl_4$）作催化剂。

　　1953 年末，出现一个十分引人注目的事件：在排除空气的条件下，将三乙基铝和四氯化钛同时倒入大约 2 升类似汽油的碳氢化合物中，将乙烯在 100、20、5 个大气压下甚至在常压下通入后进行搅拌。气体很快被吸收，一小时后，一种固体物质沉淀出来，再经过一小时后，沉淀物质变成面团状松软的东西。此时已无法搅拌，加入一些乙醇。去掉催化剂，产物变得雪白。

经过过滤、干燥，就得到白色粉末状聚乙烯。

于是各国公司先后购买齐格勒专利，投入工业生产。

低压聚乙烯和高压聚乙烯产品在物理性能方面不完全相同。高压制得的密度较低，又称低密（度）聚乙烯。低压制得的密度较高，又称高密（度）聚乙烯。

高压聚乙烯密度较低，质轻，柔软，耐冲击，透明性好，大量用于制造薄膜、农作物培育以及食品、医药、衣料和其他日常生活用品包装中。它不透水，却具有透气性。把金鱼和水盛装在聚乙烯薄膜袋中，口袋密封后金鱼也不会死。低压聚乙烯的强度、硬度、耐溶剂性等均比高压聚乙烯好，制成的容器可煮沸消毒。聚乙烯包裹的电线在军事上用得很多。这是由于它绝缘性能好，在零下50℃时也不硬化，耐摩擦强度也很高。今天许多聚乙烯制的奶瓶、水盆、药瓶、喷雾器、漏斗等等已进入市场。聚乙烯还可以制成单纤维，除制绳索外，还具有像耐火胶布那样的用途。

乙烯的同系物丙烯最早在1849—1850年由德国化学家雷诺尔德将戊醇的蒸气通过红热的管子获得。它和乙烯一样，也是一种无色带有甜味的气体。随着石油化学工业的发展，它和乙烯一样，大量从裂解石油气中获得。

在乙烯被高压、低压合成具有各种用途的聚乙烯后，化学家们自然地想到丙烯聚合后将会和聚乙烯同样有用。可是结果聚丙烯是浆糊状的稠性液体，成不了固体物质，熔点很低，大约在75℃左右，工业上毫无用途只得付之一炬。

齐格勒研制成低压下聚合乙烯的催化剂后，无论在工业生产上，还是在学术理论上，都受到各方面关注。它以极快的速度传播到各国各大学府、各企业部门的研究机构。接受这一学术影响最早的是意大利米兰工业学院化学教授纳塔。他发现将齐格勒催化剂中四氯化钛改用三氯化钛（$TiCl_3$）用于丙烯聚合，可以得到结晶好的、高熔点的固体聚丙烯。他在研究了聚丙烯的分子结构后确定这种改变后的催化剂将使聚丙烯分子有规则地排列，因而使聚丙烯出现良好性能。他将这种改变后的催化剂称为等规催化剂，利用这种催化剂聚合成的聚丙烯是等规聚丙烯。

丙烯（C_3H_6）可以看作甲基取代乙烯中一个氢原子的产物，聚合后在组成聚丙烯长链分子的每一个链节上都带有一个侧甲基（—CH_3）。

从聚丙烯大分子在空间排列位置来看，可能有如下几种排列形式：

（1）聚丙烯大分子中的各个侧基全部位于主链构成平面的一侧。

（2）聚丙烯大分子中的各个侧基有规则地交替位于主链构成平面的两侧。

（3）聚丙烯大分子中的各个侧基无序地分布在主链构成平面的两侧。

第（1）种就是等规聚丙烯，第（2）种是间规聚丙烯，第（3）种是无规聚丙烯。

等规聚丙烯是白色晶体粉末，熔点165℃—170℃，抗张强度好，既可用模型成型，也可形成薄膜或拉成丝。织品既轻盈，又结实，还耐磨，弹性也好。

1957年，意大利蒙特卡蒂尼公司首先建厂生产；接着美国赫尔克里士公司在1959年开始生产；我国继聚乙烯后也建厂生产，商品名丙纶。

丙纶的服装、内衣、袜子、手套、家具布、窗帘等等走进人们家庭。工业方面主要是绳索、渔网、帆布、水龙带、包装材料。因为它的耐腐蚀性能好，用作工业过滤布和工作服。

把乙烯、丙烯这两种廉价的无色气体变成白色固体，制成纤维、薄膜和各种形状的物品，是化学的创造，齐格勒和纳塔同获1963年诺贝尔化学奖。遗憾的是他们两人都没有出席颁奖仪式。齐格勒认为纳塔窃取了他的研究成果而拒绝出席，纳塔因瘫痪在床而无法前往。

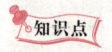

知识点

杜邦公司

杜邦公司是美国大型化学公司，1802年由法国移民E.I.杜邦在美国特拉华州威尔明顿附近建立，以制造火药为主。20世纪，开始转入产品和投资多样化，经营范围涉及军工、农业、化工、石油、煤炭、建筑、电子、食品、家具、纺织、冷冻和运输等20多个行业，在美国本土和世界近50个国家与地区设有200多个子公司和经营机构，生产石油化工、日用化学品、医药、涂料、农药以及各种聚合物等1 700个门类，20 000多个品种。

延伸阅读

乙烯的催熟作用

在生活中我们常常有这样的经验，将其他没有完全熟透的水果与香蕉放在一起就会在短时间内变熟。这是什么原因呢？

答案很简单，是因为香蕉中含有较多的乙烯，而乙烯对水果蔬菜具有催熟的作用。

这是我们最为熟悉的乙烯的生理功能，除此之外，乙烯还对于叶片和花果的脱落有促进作用，还对一般植物的根、茎、侧芽生长都有抑制作用。

与其他植物激素不同的是，乙烯是一种结构极其简单的气态激素，所以这也是其他水果能被香蕉中的乙烯催熟的原因。

乙烯在农业生产中起到重要作用，它经常被用于催熟可食用的果实，加快生产进程，但乙烯的用量不宜把握，过多使用会对人体造成危害，所以对于乙烯的应用还有待提高。

■■ 塑料早期的产品

塑料，从字面上讲，是指可以塑造的材料，即具有可塑性的材料。照此，黏土、石膏、熔融的玻璃、水泥等都是塑料。不过，现今的塑料是指树脂在一定温度和压强下塑制成型的材料。

一些树干上分泌出来的黄色半透明的黏稠的东西就是树脂。印度出产的一种紫胶虫分泌的紫红色黏稠物体也是树脂，是一种动物来源的树脂。它们都是天然树脂。

把树脂用溶剂溶解，就成油漆，或称涂料。松树脂、虫胶自古以来用作涂料。把树脂放在轧辊中辗压，成为薄片，如果透明，就是玻璃纸。把树脂的溶液或熔融体通过细孔挤压，干燥冷却后就成纤维。把树脂放进模子里加温加压成型后，就是塑料制品。

当天然树脂被转移到地下经过若干年，在一定条件下受压就变成琥珀。

琥珀

这是天然产的塑料制品，早被我国古代官员商贾们制成饰件、烟嘴等。现今世界各市场的琥珀主要产自欧洲波罗的海地区。不过近年来珠宝商已逐渐把眼光转向墨西哥。墨西哥古代玛雅人把琥珀称为"太阳之石"。只是墨西哥的琥珀藏在悬崖边的坑道里，采掘人必须屈身在漆黑的坑道里，借着微弱的灯光苦干，他们中有年仅六七岁的儿童。

从化学来说，树脂是一类高分子化合物。硝化纤维素就是高分子化合物。1844年出现将硝化纤维素溶液挤压成丝的，1847年，一位医药学校的学生梅拉德将硝化纤维素溶解在乙醇和乙醚的混合溶液中，称它为"柯罗酊"，用来涂敷伤口，溶剂挥发后，留下一层薄膜，保护伤口。1851年，英国摄影师阿切尔用它制造胶卷。还有一些人用它制成小的服饰和发饰等。这就是塑料制造的最初时期。

英国伯明翰城一位金属艺术品商帕斯在1855—1862年经过多次试验，在柯罗酊中添加樟脑和少量蓖麻子油，待溶剂挥发后形成一种硬的物质，加热时软化，添加各种色料后模压成型，制成各种物件，初称为西隆里特，来自希腊文"木材"，后来用他的姓氏称为"帕克辛"，在1862年伦敦国际展览会上展出，说明它的用途可制纪念章、盘子、管子、纽扣、梳子、刀柄、笔杆等等，获得一枚青铜奖章。1866年，他组成帕克辛公司，进行生产。由于配料不精确等原因，两年后公司破产。英国另一位经营防雨布的商人斯皮尔接管这个公司，改名西隆里特公司继续生产，20世纪20年代生产达到顶峰。

同时，美国新泽西州一位印刷工人J. W. 海厄特在试制假象牙。当时美国由于象牙不足，制造台球的原料缺乏，有两位台球商悬赏1万美元征求制造台球的代用原料。海厄特得知后和他的兄弟I. S. 海厄特合作研制。他们最初将木屑、碎纸用树胶黏接，结果质量很差。一次偶然手指被割破，用柯罗酊涂敷伤口，发现柯罗酊的黏性很好，得知英国人利用它制成帕克辛，于是试制。他们在硝化纤维素的乙醇和乙醚溶液中只添加樟脑，不用蓖麻子油，并设法避免产品在模压过程中因溶剂挥发而出现皱缩，终于制成人造台球，于1869年4月6日以商品名称"赛璐珞"取得专利，1871年赛璐珞公司成立，1872年产品出现在市场上。他们不仅用赛璐珞制造台球，还用于制造照相胶卷、梳子、防水袖口、护腕、胸挡等，甚至推销到亚洲的我国和日本各地。1898年，英国人吉布开发了赛璐珞制乒乓球。

赛璐珞在商业上取得成功，超过帕克辛和西隆里特。海厄特兄弟没有领到奖金，但成了富商。但由于硝化纤维素的易燃性，限制了它在工业生产中的应用。

酚醛树脂弥补了这一缺点。酚醛树脂是用苯酚与甲醛反应的产物，是比利时出生的美国化学家贝克兰德创造的。

贝克兰德曾获比利时根特大学自然科学博士学位，并任该校化学助理教授，后移居美国。他曾创造一种对光特敏感的印相纸，获得了一笔专卖金，开始在经济上富裕起来，并在自己的住宅里建立起实验室，从事制造研究。

酚醛树脂

他最初试图制造印度紫虫胶代替品。紫虫胶广泛应用于涂料、造纸、印刷和医药等方面。美国每年需要从印度大量进口。他阅读到德国化学家拜尔在1872年发表的一篇关于苯酚与甲醛反应的论文，反应时生成一种黑色黏稠的物体，很难从容器中除掉。因为它不溶于水和其他溶剂，不得不连容器一起抛弃掉。

贝克兰德经过两年的实验研究，设计建造了坚固的反应容器，在增加压强和升高温度并选用催化剂情况下获得成功。

贝克兰德将酚醛树脂添加木屑，加压加热，制成各种制品，1909年，他以自己的姓氏命名成立了公司，并用自己的姓氏命名产品为贝克里特。我们称为电木，是很适宜的。因为它具有良好的电绝缘性和很高的机械强度，还有耐热性、抗水性，广泛用于电气工业生产中，用来制造电插座、灯头，特别是在第一次世界大战后，无线电、收音机等电气工业迅猛发展，更增添了对它的需求。它一直使用到今天。

不过，它是一种热固性塑料，不是一种热塑性塑料。这不能说是它的缺点，只是它的性能。热固性塑料在初受热时变软，可以塑制成一定形状，但加热到一定时间或加入添加剂后就硬化定型，再加热也不会软化，放在溶剂里也不会溶解。它的分子多成网状。热塑性塑料受热时软化，可塑制成一定形状，冷却后变硬，再加热仍可软化，冷却后又会变硬。它们的分子多成线型。

1897 年，德国汉诺威的一位印刷工人克里希和巴伐尼亚的一位化学家斯皮特勒利用酪蛋白和甲醛反应生成树脂，制成一种类似骨头的、坚硬的塑料，在市场上以盖拉里兹、埃里璐德等商品名称出售，用来制造学校中课堂里的白色黑板。1909 年拉脱维亚化学家苏特兹也获得这一产品专利，1913 年在英国生产。酪蛋白可从牛乳、大豆、花生中提取，于是这些物质也成为制取塑料的原料。至今这种塑料仍用在纽扣和一些工艺品的生产中。

1918 年，捷克斯洛伐克化学家 H. 约翰取得一项利用尿素和甲醛反应制得树脂的专利。这种脲（尿素）醛树脂无色而具有耐光性能，并有很高的硬度和强度，更不易燃，能透过光线。

奥地利化学家波拉克经历几年研究后认为这是一种很好的玻璃代用品。他制成玻璃窗，装配一所大学的门窗。但是不久这种玻璃就破裂了。原来脲醛树脂在潮湿的条件下容易吸收空气中的水分，而在干燥的时候又很容易放出水分。这样使这种玻璃受到内部张力的作用以致破裂。为了克服这一缺点，当时使用赛璐珞填料，但却失去了透明性。尽管这样，这类树脂仍被用作制造服饰制品。现今这种树脂广泛用来胶合和浸渍木材，处理织物和纸张。

到 20 世纪 20 年代，又出现利用糠醛（C_4H_3OCHO）取代甲醛制成树脂。糠醛又称呋喃甲醛，来自米糠、棉壳、玉米芯等农副产品，使产品价格降低。30 年代里又出现三聚氰胺—甲醛树脂。三聚氰胺（$C_3H_6N_6$）用电石为原料制成。三聚氰胺—甲醛树脂制成的塑料耐火、耐水、耐油，可以用来制造耐电弧的材料。

知识点

紫虫胶

紫虫胶是紫胶虫吸取寄主树树液后分泌出的紫色天然树脂，又称紫胶、赤胶、紫草茸等，主要含有紫胶树脂、紫胶蜡和紫胶色素。紫胶树脂黏着力强，坚韧，光泽好，对紫外线稳定，电绝缘性能良好，耐高压电弧，兼有热塑性和热固性，能溶于醇和碱，耐油、耐酸，对人无毒性和刺激性，可用作清漆、抛光剂、胶黏剂、绝缘材料和模铸材料等，广泛用于国防、电气、涂料、橡胶、塑料、医药、制革、造纸、印刷、食品等工业部门。

延伸阅读

琥珀的鉴别

天然琥珀的气味很特殊——当摩擦、受热或燃烧的时候，天然琥珀会发出一种怡人的树脂味，这种基本的特质可以帮助辨别琥珀。

当今世界所知道的所有仿制琥珀的种类都可以通过闻气味的方式与天然琥珀区别开来。琥珀触摸起来是温暖的、轻的，这使得它可以和玻璃区分开来。

用刮擦样品表面的方法也可帮助识别——刮擦天然琥珀的表面会产生细小的粉末，而刮擦人造树脂的表面会呈螺旋状刮痕。天然琥珀块在盐水中浮起，清水中沉下。

琥珀中如果有尺寸大、稀少而很珍贵的内含物，那很有可能是仿制的。优化处理过的琥珀，包括那些有内含物的琥珀仿制品的特征之一，是它们仅仅在表面有鲜亮的颜色，而里面几乎是无色的。

琥珀原料很珍贵——如果它的价格大大低于当时的市场价，我们必须意识到它可能是仿制品。

天然琥珀对乙醚和各种溶剂的反应很弱，由柯巴树脂制成的仿制品，对乙醚和丙酮（指甲油去光水）产生反应。在很短的时间里表面会变得无光泽和变黏。

柯巴树脂有强烈的香味。用热针头接触柯巴树脂时，它会熔化，粘在针上形成长"线"。由柯巴树脂制成的产品暴露在阳光和空气下会产生非常小而深的头发样的裂纹。

形形色色的塑料

20 世纪初，塑料电木等出现后，引起化学家们寻找新塑料的兴趣。早在1872 年，德国药物学家包曼发现将氯乙烯（CH_2＝$CHCl$）气体暴晒在日光下产生一种固体物。他研究了它的性能，确定它与氯乙烯不同，在与丝绸摩擦时产生强电荷，很坚韧而不易磨损，能耐热至130℃，高温时熔化，并放出氯化氢气体。

氯乙烯是1835 年法国化学家勒尼奥将二氯化乙烯（CH_2ClCH_2Cl）与氢氧化钾的乙醇溶液作用首先获得的。这是一种无色具有麻醉作用而易液化的气体。

二氯化乙烯或称二氯乙烷早在1795 年由荷兰化学家们制得，是一种油状液体，因而称为荷兰油。

包曼在发现氯乙烯气体转变成固体物时还没有聚合物的概念，他曾认为这固体物是氯乙烯气体的同分异构体。在寻找新的塑料中化学家们回想到这一发现。1912 年，俄国化学家奥斯特罗米斯任斯基首先取得聚合氯乙烯的专利，以加工制成塑料。

可是遇到了困难，聚氯乙烯在加工温度下极易分解。

1928 年，美国碳化合物和碳化学公司、杜邦公司以及德国法本公司各自取得生产和加工聚乙烯的专利，是将氯乙烯与醋酸乙烯（CH_3COOCH＝CH_2）共聚合。共聚合物可以在比较低的温度下加工。醋酸乙烯成为一种增塑剂。

化学家们发现乙炔与氯化氢作用得到氯乙烯。而乙炔可以从石油化学加工中获得，于是大量生产聚氯乙烯具备了条件。现今用聚氯乙烯制成的凉鞋、雨衣、台布、窗帘、床单、手套等等已充满市场。

现今聚氯乙烯制品有软的和硬的两种。软的聚氯乙烯制品就是因为在配料中加入了增塑剂。不加增塑剂是硬聚氯乙烯制品。硬聚乙烯塑料密度很小，比金属铝轻一半。它的抗拉强度与橡胶相当，具有良好的耐水性、耐油性以及耐化学药品侵蚀的能力，因此被用来制作化工、纺织等工业的废气排污排毒塔以及温气体、液体输送管道。软聚氯乙烯塑料常制成薄膜，用于工业包装、农业育秧以及雨衣、台布等，但不能用来包装食品，因为聚氯乙烯本身虽无毒，但在加工中加入的增塑剂或稳定剂是有毒的。这些添加剂与油脂互相溶解，时间久了会析出到薄膜表面，渗进食物中。

聚氯乙烯是 20 世纪 30 年代发展起来的，产量曾是各种塑料中最高的，但后来被聚乙烯、聚丙烯超过了。

几乎与其同时出现的是聚苯乙烯。聚苯乙烯的单体苯乙烯（$C_6H_5CH=CH_2$）存在于一些天然的植物体中。1827 年，法国药剂师邦拉斯通过蒸馏苏合香树脂获得它。1839 年，德国化学家西蒙观察到它在放置时会缓慢聚合，在日光照晒下或金属钠存在时多能迅速聚合。1911 年，英国化学家马修斯获得聚苯乙烯的第一个专利。

20 世纪 30 年代，美国和德国开始工业生产苯乙烯和聚苯乙烯。第二次世界大战期间，苯乙烯用作合成橡胶原料。利用苯与乙烯直接合成了苯乙烯，使原料得到供应。

聚苯乙烯广泛用以制造高频绝缘材料、化工设备的衬里以及各种文具和日用品。它还可以制成泡沫塑料，用于防震、防湿、隔音、隔热、包装垫材等。这种材料的一种新奇用途是用于打捞沉船。在沉船的一定部位由潜水员填充足够数量的泡沫塑料的珠粒料，通过蒸气加热使珠粒料膨胀，充满穴腔，排出水，浮力逐渐增大，使船浮出水面。

萤　石

1933 年，德国化学家鲁夫等人利用萤石（CaF_2）和硫酸作用制得氢氟酸与三氯甲烷（$CHCl_3$）反应，获得一氯二氟甲烷（$CHClF_2$）。

一氯二氟甲烷是一种气体，沸点 $-40.8℃$，易液化，可以用作冷冻剂。但是它受热分解，例如将它通过铂金属管，在 $700℃$ 时分解成四氟乙烯（$CF_2\!=\!CF_2$）。乙烯分子中的四个氢原子完全被氟原子取代了。它在平时也是气体，沸点更低。

1938 年，一位化学博士普仑凯特试图研究它。一天他和他的助手雷博克将一只装有 2 磅（0.9 千克）四氟乙烯的钢筒从冷藏库中取出来，然后把钢筒放在一个磅秤上，让四氟乙烯从钢筒中蒸发，通过流量计引入到反应器中。操作刚刚开始不久，雷博克就提醒普仑凯特，从流量计上观察到四氟乙烯的气流已经停止了。普仑凯特立即与磅秤上显示出来的重量核对，发现整个钢筒的重量没有减轻很多，钢筒中还存留有相当大量的四氟乙烯。这使普仑凯特和他的助手感到十分意外。

为了弄清楚钢筒中发生的疑问，普仑凯特只好把钢筒的阀门全部打开，并且用一根细丝疏通阀门的孔道。最后虽然阀门全部打开了，孔道也疏通了，但是钢筒中的四氟乙烯还是没有跑出来。这时普仑凯特试着摇动了几下钢筒，仿佛感觉到钢筒中存在着一些固体物质。他推断钢筒中一定发生了化学反应，因为当时室温条件下，四氟乙烯不可能以固体状态存在于钢筒中。普仑凯特只好用一把镐将阀门从钢筒上卸下来，果然看到钢筒里有一些白色粉末。他意识到这是四氟乙烯的聚合物。

聚四氟乙烯就这样被发现了。普仑凯特研究了它，发现它具有特殊的抗热、抗化学品特性和电绝缘性，它的摩擦系数比最光滑的不锈钢还小 1/2，最胶黏的物质也不能胶黏住它。

不粘锅

1941 年，普仑凯特取得专利。1943 年，美国杜邦公司投入生产，1945 年开始大规模生产，商品名定为特富隆。英国从 1947 年开始生产，商品名为富鲁翁，在日本称之为四富隆。由于它具有优良性能，又被称为塑料王。它的用途是广泛的，可以用它来制作低温液体输送管道的垫圈和软管、宇宙飞行登月服的防火涂层、轴承罩、轴瓦、轴承垫、无油润滑活塞、石油化工中的高温液体管道、管件密封材料、防腐衬里、耐高温微小电容器等。厨房里的"不粘锅"也是它的制品。

但是，合成聚四氟乙烯的成本较高，加工比较困难，它在 250℃ 以上的高温会放出剧毒气体。

另一个出现的塑料是有机玻璃，是甲基丙烯酸甲酯（CH_2 ＝ CCH_3COOCH_3）的聚合物。

化学家们在寻找聚合物单体时，发现最简单的是具有双键的 XHC ＝ CH_2 的化合物。X 是一种原子团。丙烯酸（H_2C ＝ $CHCOOH$）、甲基丙烯酸甲酯等具备这个条件。

早在 1873 年，德国化学家托仁斯和卡斯帕里制得甲基和乙基的丙烯酸甲酯。

1880 年，瑞士化学家卡尔保摩聚合成甲基丙烯酸甲酯，并制成柔韧不裂的啤酒玻璃杯，于 1912 年取得专利，1927 年德国开始生产。到 20 世纪 30 年代，英国和美国开始生产。透明是它的特点，在 1939—1945 年第二次世界大战中，大量用于制造飞机窗和拱顶，还可以制造透镜、反射镜、灯罩等。

1932 年，英国帝国化学工业公司两位化学家希尔和克劳福德开拓了单体甲基丙烯酸甲酯低价生产的工业方法，原料是丙酮、氢氰酸、甲醇和硫酸。1934 年开工生产，为聚甲基丙烯酸甲酯提供了原料。

有机玻璃是目前最优秀的透明材料，透光率达 92% 以上，而且能透过紫外线。普通玻璃当厚度超过 15 厘米时，隔着它就看不清东西，可是隔着 1 米厚的有机玻璃，还可以清晰地看清对面的东西。它的产品有板材、管、棒和模塑料。可以制成五颜六色的珠光纽扣、伞柄、烟嘴、钟表的面、汽车的尾灯罩，牙齿拔掉后镶上假牙，也是用这种塑料制成的。

它的缺点是耐热性差，熨烫衣服时应避免使熨斗与纽扣接触。

有机玻璃

聚氯乙烯、聚苯乙烯等聚乙烯基塑料都是热塑性塑料，受热时软化，可塑制成一定形状，冷却后变硬。再加热，仍可软化，冷却后又变硬。它们不同于热固性塑料，在初受热时变软，可以塑制成一定形状，但加热到一定时间或加入固化剂后，就硬化定型，再加热也不会软化，放在溶剂里也不会溶解。酚醛塑料、脲醛塑料等都是热固性塑料。它们不能回收利用，因此连收购废品的人也不收购它们。

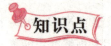 **知识点**

热塑性

　　热塑性物质在加热时能发生流动变形，冷却后可以保持一定形状的性质。大多数线型聚合物均表现出热塑性，很容易进行挤出、注射或吹塑等成型加工。

　　日常生活中，像塑料袋、塑料衣挂等物都具有热塑性。因此，它们可以通过加热熔化来进行封口、黏合等操作。

 **延伸阅读**

新型塑料前沿

　　塑料技术的发展日新月异，针对全新应用的新材料开发，针对已有材料市场的性能完善，以及针对特殊应用的性能提高可谓新材料开发与应用创新的几个重要方向。

　　1. 新型高热传导率生物塑料：日本电气公司新开发出以植物为原料的生物塑料，其热传导率与不锈钢不相上下。该公司在以玉米为原料的聚乳酸树脂中混入长数毫米、直径 0.01mm 的碳纤维和特殊的黏合剂，制得新型高热传导率的生物塑料。如果混入 10% 的碳纤维，生物塑料的热传导率与不锈钢不相上下；加入 30% 的碳纤维时，生物塑料的热传导率为不锈钢的 2 倍，密度只有不锈钢的 1/5。

这种生物塑料除导热性能好外，还具有质量轻、易成型、对环境污染小等优点，可用于生产轻薄型的电脑、手机等电子产品的外框。

2. 可变色塑料薄膜：英国南安普照敦大学和德国达姆施塔特塑料研究所共同开发出一种可变色塑料薄膜。这种薄膜把天然光学效果和人造光学效果结合在一起，实际上是让物体精确改变颜色的一种新途径。这种可变色塑料薄膜为塑料蛋白石薄膜，是由在三维空间叠起来的塑料小球组成的，在塑料小球中间还包含微小的碳纳米粒子，从而光不只是在塑料小球和周围物质之间的边缘区反射，而且也在填在这些塑料小球之间的碳纳米粒子表面反射。这就大大加深了薄膜的颜色。只要控制塑料小球的体积，就能产生只散射某些光谱频率的光物质。

3. 塑料血液：英国谢菲尔德大学的研究人员开发出一种人造"塑料血"，外形就像浓稠的糨糊，只要将其溶于水后就可以给病人输血，可作为急救过程中的血液替代品。这种新型人造血由塑料分子构成，一块人造血中有数百万个塑料分子，这些分子的大小和形状都与血红蛋白分子类似，还可携带铁原子，像血红蛋白那样把氧输送到全身。由于制造原料是塑料，因此这种人造血轻便易带，不需要冷藏保存，使用有效期长，工作效率比真正的人造血还高，而且造价较低。

4. 新型防弹塑料：墨西哥的一个科研小组最近研制出一种新型防弹塑料，它可用来制作防弹玻璃和防弹服，质量只有传统材料的 1/5 至 1/7。这是一种经过特殊加工的塑料物质，与正常结构的塑料相比，具有超强的防弹性。通常的防弹材料在被子弹击中后会出现受损变形，无法继续使用。这种新型材料受到子弹冲击后，虽然暂时也会变形，但很快就会恢复原状并可继续使用。此外，这种新材料可以将子弹的冲击力平均分配，从而减少对人体的伤害。

人造纤维问世

棉花、麻皮、羊毛、蚕丝这些天然纤维长期以来是我国人民传统的衣用纺织纤维，特别是蚕丝，更是我们祖先的一项重大发现。早在四千多年前，我国劳动人民已能巧妙地织出各种纹彩绮丽的丝绸织品。后来我国大量的丝织品通过丝绸之路运往中亚、西亚、欧洲各地，增进了我国人民与世界各国人民的友谊，同时把养蚕织绸技术传到世界各地。直到今天，我国的丝绸产品在国际上仍享有很高声誉。

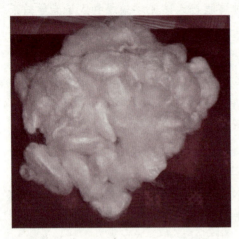

蚕　丝

随着生产的不断发展，人们对衣着织品要求不断提高，天然纤维不论在品种和数量方面都不能满足日益增长的需求了，因此就要求寻找更多纤维原料来源。当人们观察到蚕吐丝时吐出的东西开始并不是丝，而是一种黏稠液体，只是这种黏稠液体在遇到空气后才凝结成丝，于是联想到先制成一种黏液，然后纺丝。

1846 年，瑞士巴塞尔大学化学教授舍恩拜因将硝酸和硫酸的混合物作用于棉花，制得硝化纤维素，确定它的易燃和易爆性。他将生产专利权转让给英国一家公司。1847 年 7 月产品发生爆炸，毁坏了一座工厂，死亡 21 人。1865 年，英国化学家阿贝尔研究了这种易燃和易爆物质，经切碎并在碱液中洗涤，干燥后成为稳定而安全的物质。

化学家确定，这种物质氮含量超过 13% 时是一种爆炸性物质，称为火棉。含氮量在 11%—12% 时只是一种易燃物质，但不爆炸，称为焦木素、低硝化纤维素。

1883—1884 年，英国发明家斯万将硝化纤维素用硫化铵脱硝后溶解在醋酸中，将溶液挤压通过细孔进入含有甲醇的变性乙醇液中凝固成丝，1884 年 1 月，在英国纽卡斯特举行的化学工业协会分会会议上展示，稍后由他的妻子用钩针将这种纤维钩织成花边、饰带在伦敦举行的发明展览会上标明"人造丝"展出。这可能是最早的人造纤维织品。

斯万曾跟从一位药剂师学徒，后来成为化学制品商人，不断自学科学成才，当选为皇家学会会员，被封为爵士。他最初制造人造纤维的目的是试图炭化后用于白热电灯泡中的灯丝，只是因为电灯泡内真空不够，未能取得成功，却比电灯发明人——美国爱迪生的试验早十多年。

在英国出现人造纤维的同时，1884 年法国人夏尔多内在法国也取得成功。他将脱硝后的硝化纤维素溶解在乙醇和乙醚的混合液中，然后通过小孔挤压进冷水浴中成丝，干燥后成为具有光泽的纤维。他在 1885 年取得专利，1889 年在首届巴黎展览会上将产品展出，并获得大奖，1891 年在法国东部城市贝桑松建厂，日产约 50 千克，1907 年增加到 2 000 千克，成为全世界第一家人造纤维工厂。

夏尔多内曾学习土木工程学，后从法国化学家、微生物学家巴斯德研究蚕病，引发起研究制取人造纤维的兴致。

由于这种人造纤维发出的光泽像日光的射线，后来被命名为"嫘萦"，泛指人造纤维、人造丝。这一译名中的"嫘"表示我国传说中的嫘祖，是黄帝的正妃，养蚕抽丝的创造人；"萦"是缠绕的意思，具有丝的含义。但是由于这种人造纤维的易燃性，穿着用它纺织的衣服容易引火烧身，穿着时有恐惧感。

据日本山田真一编著的《世界发明史话》（王国文等译，专利文献出版社，1980 年）中记述：在一次宴会上，一位妇女穿着这种人造纤维的服装，到会的人们对这种服装的美丽都瞠目而视，正当这位妇女得意的时候，吸烟的火星碰到她的衣服上，瞬间服装燃烧起来。当应呼救声慌乱赶来营救的人们还不知如何处理时，她已经被烈火包围而死去。

由于硝化纤维素制成的这种人造纤维易燃，而且成本高，因而不可能发展成纺织纤维。

1857 年，瑞士化学家施维泽将纤维素溶解在氢氧化铜的氨溶液中，形成纤维素铜氨络合物，为人造纤维开辟了另一条道路。

1891 年，德国工业家弗雷米和工程师乌尔班将这一方法投入工业生产。

1897 年，德国维尔茨堡大学化学教授鲍里将这种纤维的铜氨溶液喷射到稀酸凝固浴中，再进一步用碱分离，使纤维素再生出来，取得专利。

1901 年，德国人贝姆柏格在德国纺织工业中心城市巴门建厂进行大规模生产，随后在英国、美国、日本、意大利先后建厂生产，产品称为"贝姆丝"。

这种铜氨人造纤维在德文中曾被称为"光辉的材料"，因为这种铜氨人造纤维很细，很柔软，具有一定强度和光泽，只是不易染色，适宜织制高级织物，因此铜氨人造纤维的生产出现一段黄金时期。但由于原料是短棉绒，需要消耗大量的铜、氨，成本昂贵，活跃了大约 20 年后被价格便宜而质量也不错的黏胶人造纤维取代。

黏胶人造纤维是英国工业化学家克罗斯、比万和比德在 1892 年共同创造的，是用碱处理纤维素以增加纤维素的反应能力，然后与二硫化碳（CS_2）反应，生成纤维素磺酸钠溶液。这种溶液细流遇到酸就凝固成形，使纤维素又重新再生出来。因纤维素磺酸钠溶液的黏度很大，因而被称为黏胶，生成的纤维就称为黏胶丝、黏胶纤维。

1905—1907 年改用稀硫酸和它的盐组成凝固液，1911 年又出现含 1% 硫酸锌的凝固液，使黏胶人造纤维质量大大改进。

黏胶纤维的生产过程分为三步：第一步是将纤维素用碱处理，成为碱纤维素；第二步与二硫化碳反应后生成纤维素磺酸钠；第三步与硫酸锌反应生成纤维素磺原酸锌，在硫酸中重新生成纤维素、硫酸锌和二硫化碳。

黏胶人造纤维以木材制造的纤维素浆粕为原料，大大扩大了原料来源，纤维的性质也很好，因而生产蓬勃发展起来。英国在 1905 年开始工业生产。此后欧洲其他各国、美国、日本也纷纷建厂生产，到 1910—1912 年产量已超过天然丝，到 1914 年黏胶纤维已占市场的 80%。直到今天它在众多合成纤维中仍占有一席之地。

我国从 1956 年起就开始先后在丹东、上海、保定、南京等地建立黏胶纤维工厂，促进了我国人造纤维工业的发展。

黏胶纤维在我国又称人造丝，与棉纤维混纺或单独纺织成美丽的绸、羽纱，用来做被面、衬里，也是各色舞蹈服装、飘带、旗帜等的材料。

把黏胶液通过狭缝挤压成透明薄片，成为赛璐玢，就是玻璃纸。1908—1912 年瑞士人布兰登伯格首先使它工业化。

还有一种人造纤维是醋酸纤维素，是法国化学家舒申伯格在 1865 年创造的，是将纤维素与无水醋酸反应制得。最初制得的是三醋酸纤维素，只能溶解在价格昂贵且有毒的三氯甲烷中，妨碍了它的工业生产。

1905 年，美国化学家米尔斯将三醋酸纤维素用稀酸进行局部水解，生成三醋酸纤维素和二醋酸纤维素的中间产物，能溶解在无毒而价较廉的丙酮中，这才为大量工业生产提供了条件。其方法是先将它溶解在丙酮中制成胶浆，然后进行喷丝或制成薄膜。

1910 年，瑞士化学家 C. 德雷富斯和 H. 德雷富斯两位兄弟在巴塞尔建厂生产。1916年，应英国政府邀请，在英国建立西兰里斯公司。西兰里斯成为醋酸纤维素产品的商品名称。他们在1918年又应美国政府邀请，在美国建厂生产。他们兄弟二人推广了醋酸纤维素人造纤维的生产。

醋酸纤维素不同于硝化纤维素，不易着火，制成的纤维手感柔软，类似真丝，在丝绸工业中很受欢迎。

在第一次世界大战中，醋酸纤维素成为飞机机翼防雨而坚挺的纺织材料。到20世纪20年代，注射模塑技术发展，醋酸纤维素成为热塑性塑料的模塑材料。醋酸纤维素还具有一种选择性过滤能力，能滤出烟气中苯酚等有毒物质，而对烟碱的吸收很低。一般吸烟者对含烟碱过低的卷烟是不感兴趣的。这样醋酸纤维素就成为卷烟过滤嘴的制造材料。

醋酸纤维素的原料主要是纸浆粕、冰醋酸、丙酮等，来源比较丰富，所以它在人造纤维中成为仅次于黏胶纤维的第二品种。

凝固浴

凝固浴又称纺织浴。制造化学纤维时，使纺丝胶体溶液经过喷丝头的细流凝固或同时起化学变化而形成纤维的浴液。

如制造黏胶纤维时，常用硫酸和硫酸钠等配成的水溶液作为凝固浴，硫酸钠使黏胶凝固，硫酸使纤维素磺原酸钠分解而成再生纤维素。

丝绸的特性

第一，舒适感。真丝绸是由蛋白纤维组成的，与人体有极好的生物相容性，加之表面光滑，其对人体的摩擦刺激系数在各类纤维中是最低的，仅为7.4%。因此，当我们的娇嫩肌肤与滑爽细腻的丝绸邂逅时，它以其特有的柔顺质感，依着人体的曲线，体贴而又安全地呵护着我们的每一寸肌肤。

第二，吸、放湿性好。蚕丝蛋白纤维富集了许多胺基（—CHNH）、氨基（—NH₂）等亲水性基团，又由于其多孔性，易于水分子扩散，所以它能在空气中吸收水分或散发水分，并保持一定的水分。在正常气温下，它可以帮助皮肤保有一定的水分，不使皮肤过于干燥；在夏季穿着，又可将人体排出的汗水及热量迅速散发，使人感到凉爽无比。正是由于这种性能，使真丝织品更适合于与人体皮肤直接接触，因此，人们都把丝绸服装作为必备的夏装之一。

丝绸不仅具有较好的散热性能，还有很好的保暖性。它的保温性得益于它的多孔隙纤维结构。在一根蚕丝纤维里有许多极细小的纤维，而这些细小的纤维又是由更为细小的纤维组成的。因此，看似实心的蚕丝实际上有38%以上是空心的，在这些空隙中存在着大量的空气，这些空气阻止了热量的散发，使丝绸具有很好的保暖性。

第三，吸音、吸尘、耐热性。真丝织物有较高的空隙率，因而具有很好的吸音性与吸气性，所以除制作服装外，还可用于室内装饰，如真丝地毯、挂毯、窗帘、墙布等。用真丝装饰品布置房间，不仅可以使屋子纤尘不染，而且能保持室内安静。由于蚕丝具有吸湿、放湿性能以及保湿性、吸气性和多孔性，还可调节室内温湿度，并能将有害气体、灰尘、微生物吸掉。

第四，抗紫外线。丝蛋白中的色氨酸、酪氨酸能吸收紫外线，因此丝绸具有较好的抗紫外线功能。而紫外线对人体皮肤是十分有害的。当然，丝绸在吸收紫外线后，自身会发生化学变化，从而使丝织品在日光的照射下，容易泛黄。

合成纤维的诞生

"纤维"和"纤维素"只差一个字，但意义完全不同。纤维是物质的一种状态，细细的、长长的；纤维素是一种化学物质，是一种高分子化合物。棉花、羊毛、蚕丝、玻璃丝等都是细细的、长长的，都称为纤维。但只是棉花中含有纤维素，羊毛和蚕丝是蛋白质，玻璃丝是硅酸盐。棉花、羊毛、蚕丝是天然纤维；玻璃丝是化学加工制成的，是人造纤维，是由硝化纤维素、黏胶纤维、醋酸纤维素也是化学加工制成的，也是人造纤维。硝化纤木材、蔗渣等原料制成的；尼龙、的确良等是利用由煤、石油化学加工产生的简单物质合成的高分子化合物，是合成纤维。人造纤维和合成纤维都是经化学加工制成的，都是化学纤维。

尼龙是第一个出现的合成纤维，由美国和英国的科学家们联合制成。我们又称它为锦纶。它是一类聚酰胺化合物，它们分子结构中都含有相同的酰胺键，因此又称聚酰胺纤维。

习惯上为了区分聚酰胺纤维的品种，往往在聚酰胺或尼龙的后面添加一些阿拉伯数字，例如聚酰胺6、聚酰胺66或尼龙66，表示生产这种纤维的单体分子中含有的碳原子数。例如聚酰胺6或尼龙6，就是由6个碳原子的己内酰胺单体聚合成的，聚酰胺66或尼龙66由6个碳原子的己二胺【$H_2N(CH_2)_6NH_2$】和6个碳原子的己二酸【$HOOC(CH_2)_4COOH$】聚合成的。

尼龙66是1935年由以美国化学家卡罗泽斯为首的美国、英国科学家们在美国杜邦公司实验室里合成的。

他们一开始并不就是为制取合成纤维的，1928年卡罗泽斯受聘到杜邦公司，当时德国对有机化学家斯陶丁格提出的高分子化合物理论展开了激烈争论，卡罗泽斯支持斯陶丁格的观点，决心通过实验证实这理论的正确性，于是进行了多种物质的聚合反应。

尼龙绳

1930年，卡罗泽斯用乙二醇【$HO(CH_2)_2OH$】和癸二酸【$HOOC(CH_2)_8COOH$】进行缩合聚合反应，得到聚酯。卡罗泽斯的一位同事希尔用搅拌棒从反应器中取出熔融的聚酯时发现它展伸成丝一样，而且这种纤维状细丝在冷却后还能继续拉伸，拉伸长度可以达到原来的几倍，经过冷拉伸后纤维的强度和弹性大大增加。

这种现象使他们意识到这种特性可能具有实用价值，这种熔融的聚合物可能用来纺制纤维。他们又对一系列聚酯化合物进行了研究。由于当时所研究的聚酯都是脂肪酸和脂肪醇缩合聚合成的聚合物，它们易水解，熔点低于100℃，易溶于有机溶剂，不适合作为纺织纤维。于是他们转向聚酰胺化合物的研究。

几年时间里，卡罗泽斯和他的同事们从二元胺和二元酸不同的缩合聚合反应中制备成多种聚酰胺，它们的性能都不太理想。1935年，他们用戊二胺和癸二酸合成聚酰胺，结果表明这种聚酰胺拉制成的纤维强度和弹性都超过了蚕丝，而且不易吸水，很难溶，但是熔点仍较低，所用原料价格很高，还是不适于商品生产。在选择了己二胺和己二酸缩合聚合成聚酰胺后，也曾被放置在储柜里，只是在经过冷拉伸测试后才被确定选用。它不溶于普通溶剂，具有263℃的高熔点。

在确定这种聚酰胺作为制造合成纤维的材料后，又遇到原料问题，不可能投入工业生产。因为制造这种聚合物的原料是己二胺和己二酸，当时只是在实验室里制出来的。

1936年，杜邦公司化学家R.威廉姆斯创造了一种新催化剂，使苯酚转变成己二酸。己二胺再由己二酸制得。这样，原料只是苯酚，可来自煤焦油。

1938年10月27日杜邦公司董事长斯廷宣布，在特拉华州西福德建立大规模生产工厂。该厂于1939年1月开始运转生产。

在生产中，聚酰胺熔融物通过计量泵均匀而定量地从喷丝头小孔中压出，形成黏液细流，在空气中冷却凝固成细丝。这为后来合成纤维创造了一种新的熔融纺丝法，这与人造纤维中应用的溶液纺丝法不同。溶液纺丝法是先将成纤聚合物溶解在一适当溶剂中制成黏稠的纺丝液，然后，再将黏稠液定量而均匀地从喷丝头小孔中压出，在另一溶液或空气中凝固成丝。采用熔融纺丝法比较简单，当然需要合成纤维聚合物在高温下不会分解，具有足够的稳定性。

尼龙66的制品最初是毛刷，1939年2月用它织成的丝袜在美国金门国际博览会上展出；1939年4月在纽约世界商品展览会上展出；1939年10月24日开始在特拉华州杜邦公司总部公开出售，引起轰动，当时混乱的局面迫使治安机关出动警察维持秩序。1940年5月又在美国各地出售，被视为稀奇物，争相抢购。

第二次世界大战美军参战后直到1945年，尼龙66才转向织制降落伞、飞机轮胎帘子线、军服等军工产品。第二次世界大战后它发展得非常迅速，其产品从丝袜、衣着到地毯、渔网等以难以计数的方式出现。

锦纶的突出性能是强度大，弹性好，耐磨性好。它的强度比棉花大2—3倍，耐磨性是棉花的10倍、羊毛的20倍。它还耐腐蚀，不受虫蛀，质轻，只是保型性差，易于变形；耐热性也差，耐光性也不够好。

杜邦公司从高分子化合物的基础研究开始历时几年，耗资 2 200 万美元，有 230 名科技人员参与工作，终于获得造福人类的产品，取得丰硕的回报。遗憾的是尼龙 66 的发明带头人卡罗泽斯没有看到它的实际应用，因一种精神抑郁，于 1937 年 4 月 29 日在美国费城一家旅馆的房间里饮用掺有氰化钾的柠檬汁自杀身亡，享年 41 岁。

在美国出现尼龙 66 的同时，1937 年，德国以施拉克为首的化学家们合成尼龙 6，是己内酰胺的聚合物。1939 年投入工业生产，1941 年大规模生产。

同时俄国生产了尼龙 7，是比己内酰胺多一个碳原子的庚内酰胺的聚合物。法国生产了尼龙 1010，是由含 10 个碳原子的癸二胺【$H_2N(CH_2)_{10}NH_2$】和含 10 个碳原子的癸二酸［$HOOC(CH_2)_8COOH$］聚合成的。我国科技人员根据我国国情，用农林副产中的蓖麻油为原料，也制成了尼龙 1010。现在我国生产的聚酰胺纤维的主要品种是尼龙 66 和尼龙 6。

聚酰胺纤维合成后开辟了合成纤维的道路，促进了聚酯等一系列合成纤维相继出现。

酯是有机羧酸与醇的化合物，聚酯是酯的聚合物，分子结构中含有酯基。

卡罗泽斯在制成聚酰胺纤维以前，曾用癸二酸和乙二醇进行缩合聚合反应得到聚酯，发现它具有纺制纤维的性能，只是因易水解、熔点低和易溶于有机溶剂而放弃，转向聚酰胺的研制。

曾参与卡罗泽斯研制合成纤维的英国化学家温费尔德意识到要能够作为工业纺织用纤维的聚合物，必须具有高熔点，能够抗拒化学作用和溶剂的作用，并且具有很高程度的线型结构。他回到英国后与化学家迪克森选用乙二醇（CH_2OHCH_2OH）和对苯二酸（$HOOCC_6H_4COOH$）进行缩合聚合，1939 年获得成功。对位苯二酸比邻位苯二酸更具有线性对称结构，聚合物分子中存在苯核可以提高产物熔点。

涤纶绳

1943 年，英国帝国化学工业公司在雅克郡威尔顿建厂生产，商品名"特

HUAXUE DE FAZHAN LIGHENG

丽纶"。1953 年，美国杜邦公司购得专利，建厂生产，商品名"达克纶"，有人从音译成"的确良"，流行开来。

我国从 20 世纪 50 年代开始聚酯单体生产研究，到 70 年代初期开始生产，商品名为涤纶。

涤纶热稳定性比锦纶好。涤纶作为衣用纤维最大的特点是抗皱性和保型性好，做成的衣服挺括不皱，外形美观，强度也好，耐冲击强度比锦纶高 4 倍。不过缺点是吸湿性小，穿着用它纺织成的衣服感到气闷，易带静电，因而易被沾污。

继涤纶后，腈纶出现。腈纶是 20 世纪 40 年代初由美国杜邦公司研制成功，1942 年将实验样品送交美国政府供军用，1945 年试生产，1948 年宣布使用。奥纶（商品名称）正式生产，它是丙烯腈（CH_2 ＝CHCN）的聚合物。

这种纤维具有特殊优越的抗日晒性能，最初用来制造遮篷、汽车篷罩等，后来发现它的性能极似羊毛，用来和羊毛混纺作为羊毛代替品，因而有合成羊毛或人造羊毛的名称。

市场上所见到的腈纶并不是由丙烯腈一种单体聚合而成，通常由 3 种单体共聚合而成。它们是氯乙烯（CH_2 ＝CCl）、氯亚乙烯（CH_2 ＝C ＝CCl_2）和氰亚乙烯【CH_2 ＝C ＝C（CN）$_2$】。添加氯的组成成分可以抗燃。

我国腈纶生产从 20 世纪 60 年代中期开始。目前腈纶的产量和质量都有很大提高。

再一个合成纤维是维尼纶或简称维纶，是从音译而来。这一词是日本化学家们提出来的，因为维尼纶是由他们研制成功的。

维尼纶是聚乙烯醇缩醛的商品名，是聚乙烯醇缩醛的产物。

聚乙烯醇不是用乙烯醇（CH_2 ＝CHOH）单体聚合成的。因为乙烯醇这种化学物质很不稳定，它会自行发生分子重排而转变成乙醛。

要得到聚乙烯醇，是将聚醋酸乙烯溶解在甲醇中，添加氢氧化钠，进行醇解。

聚醋酸乙烯是醋酸乙烯的聚合物。醋酸乙烯是用乙炔为原料制得的。

1924 年，德国化学家赫尔曼和黑勒尔首先制得聚乙烯醇，并于 1931 年掌握了用聚乙烯纺制纤维的技术，可是用这种纤维纺制的衣服穿脏了不能用水洗，用水一洗就不见了，因为它溶解在水中了。这是由于聚乙烯醇的长链上有许多亲水基羟基（—OH）存在。于是只能把它用在特殊场合，例如外科医生手术缝线。

直到 1939 年，日本京都大学化学教授樱田一郎、京都大学应用化学研究所朝鲜研究生李升基和钟渊纺织研究所矢野将英博士共同研究，提出了缩醛化方法，才使它成为耐水性良好的纤维。

缩醛化是用甲醛处理，使甲醛与聚乙烯醇长链分子上的羟基缩合。

缩醛化处理并不能将所有的羟基都"吃掉"，同时发现缩醛化程度很高时，纤维的性能并不理想，其缩醛化一般在 30%—35% 左右，因此纤维的大分子长链上仍保留一定数量的亲水性羟基，使维尼纶与其他合成纤维相比有较高的吸湿性。

1941—1942 年，日本钟渊纺织公司和仓敷绢丝公司分别建成年产 150 吨和 60 吨的中间试验装置，后因二次大战搁置，直到战后才实现工业化。

我国在 1957 年开始研究、设计、制造和安装第一个维尼纶厂，并于 1964 年正式建成投产。

由于维尼纶耐海水腐蚀性好，所以用作渔网及海上作业用的绳缆很适合。由于维尼纶的吸湿性与棉花相近，外观也似棉纤维，因此又称人造棉，它与棉花混纺是缝制内衣、床单、被里、桌布、窗帘的材料。

聚丙烯、聚氯乙烯既是塑料，也是合成纤维，又称丙纶、氯纶。

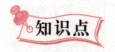

知识点

缩 醛

缩醛，是一类有机化合物的统称，是由一分子醛与两分子醇缩合的产物。缩醛通常具有令人愉快的香味。缩醛在酸的催化下易水解成原来的醛和醇。

缩醛性质稳定，许多能与醛反应的试剂如格利雅试剂、金属氢化物等，均不与缩醛反应，对碱也稳定；但在稀酸中温热，会发生水解反应，生成原来的醛。因此提供了一种保护醛基的好方法，使醛基在多步反应中不被破坏。由于缩醛的稳定性和其具有的芳香气味，多用于香料工业，做食品、化妆品的添加剂，也是有机合成的原料。

延伸阅读

改性尼龙发展的趋势

尼龙作为工程塑料中最大最重要的品种，具有很强的生命力，主要在于它改性后实现高性能化，其次是汽车、电器、通讯、电子、机械等产业自身对产品高性能的要求越来越强烈，相关产业的飞速发展，促进了工程塑料高性能化的进程，改性尼龙未来发展趋势如下：

1. 高强度高刚性尼龙的市场需求量越来越大，新的增强材料如无机晶须增强、碳纤维增强 PA 将成为重要的品种，主要是用于汽车发动机部件、机械部件以及航空设备部件。

2. 尼龙合金化将成为改性工程塑料发展的主流。尼龙合金化是实现尼龙高性能的重要途径，也是制造尼龙专用料、提高尼龙性能的主要手段。通过掺混其他高聚物，来改善尼龙的吸水性，提高制品的尺寸稳定性，以及低温脆性、耐热性和耐磨性。从而，适用车种不同要求的用途。

3. 纳米尼龙的制造技术与应用将得到迅速发展。纳米尼龙的优点在于其热性能、力学性能、阻燃性、阻隔性比纯尼龙高，而制造成本与普通尼龙相当。因而，具有很大的竞争力。

4. 用于电子、电气、电器的阻燃尼龙与日俱增，绿色化阻燃尼龙越来越受到市场的重视。

5. 抗静电、导电尼龙以及磁性尼龙将成为电子设备、矿山机械、纺织机械的首选材料。

生物化学发展历程

>>>>>

生物体是由一定的物质成分按严格的规律和方式组织而成的。例如，人体约含水55%—67%，蛋白质15%—18%，脂类10%—15%，无机盐3%—4%及糖类1%—2%等。从这个分析来看，人体的组成除水及无机盐之外，主要就是蛋白质、脂类及糖类三类有机物质。其实，除此三大类之外，还有核酸及多种有生物学活性的小分子化合物，如激素、氨基酸及其衍生物、核苷酸等。

生物体内有许多化学反应，按一定规律，继续不断地进行着。如果其中一个反应进行过多或过少，都将表现为异常，甚至疾病。有人认为，如果生物体中没有化学反应，那么生物的一切生理活动及合成代谢都无法进行，必然会走向死亡。所以研究生物化学有着重要的意义。

蛋白质和氨基酸

人们很早就认识蛋白质，把它们从动植物产品中分离出来食用。

大约在一千多年前，我国已从大豆中提取球蛋白制成豆腐。人们将大豆和水磨成豆浆，加热煮沸，提取出脂肪制成豆腐皮后利用盐析作用，加入含硫酸钙的石膏或含硫酸镁的盐卤，使豆浆中球蛋白析出成块。

古埃及和古印度人很早就从牛乳中提取酪蛋白制成乳酪。西方化学史中记述着：1728年意大利医学和化学教授贝卡里亚首先从面粉中提取出谷蛋白，就是面筋。

事实上，我国从面粉中提取面筋比这位教授早得多。1637年（明朝崇祯十年）宋应星（1587—？）编著的《天工开物》一书第二卷"过糊"一节中就讲到："凡糊用面筋内小粉为质。"就是说布匹上浆用面粉"洗"出面筋后的微小粒子淀粉。"洗"就是将面粉装入布袋内，浸入水中揉捏，微小粒子的淀粉透过布袋纤维间的孔隙进入水中，较大粒子的蛋白质留在布袋内，就是面筋。人们很早就从动物皮毛角骨中提取角蛋白，把动物角骨磨碎后添加酸、碱熬煮制成，粗制品深褐色，用作黏合剂，精制品白色透明，称为白明胶，可供食用。

蛋白质模型

人们不仅很早提取出蛋白质，而且很早就把蛋白质离解成各种氨基酸。

我国在公元前400年前就有酱。制酱是把大豆煮熟后和水混合面粉做成饼状，在适当温度和湿度下使曲菌在饼上繁殖，让曲菌分泌的酶把大豆和面粉中的蛋白质离解成氨基酸而成酱。酱中添加食盐后榨压、淋汁就得到酱油。它们味道鲜美就是因为产生了氨基酸。

按我国古书记载，有酱和豉两种。酱是由大豆和面粉制成，豉是单纯用大豆制成。这种名称一直沿用到今天。

欧洲人的鱼子酱以及亚洲一些地区的鱼露是把动物蛋白质经发酵离解成氨基酸制成的。我国还利用特种曲菌使豆腐中的蛋白质离解成氨基酸，制成豆腐乳。西方利用从牛胃中提取的酶将乳酪制成干酪。这些都是味道鲜美而易消化的食物，因为富含氨基酸。

化学家们把蛋白质作为一种化学物质进行研究是从19世纪初开始。法国化学家富克鲁瓦在19世纪初发表论说，指出动物组织和流体主要由动物胶、纤维蛋白和白蛋白组成。

1813—1814 年，瑞典化学家贝齐里乌斯先后从牛乳和血液中提取得到纯酪蛋白和动物纤维蛋白。

1820 年，意大利化学教授塔迪从面筋中分离出麸蛋白和麦谷蛋白，二者以不同比例存在于面筋中。前者溶于醇，后者不溶。

腐　乳

1838 年，荷兰化学教授穆德尔发表论说，指出动物纤维蛋白、白蛋白和植物纤维蛋白、白蛋白以及酪蛋白都具有相同的组成成分。他把这一相同组成成分称为"基"，指出它和硫、磷结合成纤维蛋白、白蛋白、酪蛋白这类含氮有机化合物。穆德尔最初列出这个"基"的化学式是 $C_{40}H_{31}N_5O_{12}$，后来改为 $C_{36}H_{25}N_4O_{10}$。这些式子距今相差很大，只是指明蛋白质由碳、氢、氧和氮组成，并含有硫、磷。

随着蛋白质发现的增多，化学家们把它们按组成分为简单蛋白质和复合蛋白质；按分子形状分为纤维蛋白和球蛋白；按溶解性分为水溶蛋白和醇溶蛋白等等。

化学家们把蛋白质离解成氨基酸从而认清蛋白质的组成是从 1820 年开始的。这一年法国化学家布拉康诺将动物胶和稀硫酸共同熬煮，得到一种具有甜味的结晶体物质，称为"动物胶糖"，认为它是一种糖。

1846 年，美国化学教授霍尔斯福德研究了它，发现它既能与酸结合，又能与碱结合，确定不是一种糖，认为它是一种"甜动物胶"，而不是"动物胶糖"。霍尔斯福德还正确测定了它的化学组成 $C_2H_5NO_2$。法国化学家卡乌尔建立了它的结构式 NH_2CH_2COOH，并合成了它。它的现今名称是贝齐里乌斯提出的，我们称它为甘氨酸，是很适合的。"甘"和"甜"是同义词，而它的分子组成中既有氨基（—NH_2），又有羧基（—COOH）。

甘氨酸是最简单的氨基酸，学名氨基乙酸，是蛋白质的基本组成成分，在人体内是合成血液中血红素的"原料"，是食物中产生有毒苯甲酸的"消毒剂"。

甘氨酸是第一个从蛋白质水解产物中发现的氨基酸。在这以前即 1810 年，英国化学家武拉斯顿从尿结石中分离出一种新物质，称为"膀胱的氧化

甘氨酸模型

物"。后来它被确定是一种氨基酸，我们就称它为胱氨酸。1899 年，瑞典化学家莫勒和德国化学家艾姆布登各自在动物的角中发现了它。

这是一个含硫的氨基酸，学名双巯丙氨酸【HO$_2$CCH（NH$_2$）CH$_2$S】$_2$，因其中含硫，因此烧一烧羊毛或鹿角会出现二氧化硫的臭味。它广泛存在于毛发、骨、角蛋白中。后来又发现了半个分子的胱氨酸，即巯基丙氨酸【HSCH$_2$CH（NH$_2$）CO$_2$H】，我们就称为半胱氨酸。半胱氨酸是胱氨酸的还原产物，一分子胱氨酸产生两分子半胱氨酸。半胱氨酸重又氧化成胱氨酸。它们的氧化、还原过程在新陈代谢过程中起着重要作用。在含硫的氨基酸中还有蛋氨酸，学名甲基硫丁氨酸【CH$_3$S（CH$_2$）$_2$CHNH$_2$CO$_2$H】。之后，一系列氨基酸陆续被发现。

亮氨酸是 1819 年由法国化学家普鲁斯从干酪发酵的产物中发现的。它存在于动物胰脏和脾中，是白色闪亮片状物，从希腊文"白色"命名，故又名白氨酸，学名异己氨酸，分子式为（CH$_3$）$_2$CHCH$_2$CH（NH$_2$）CO$_2$H。

异亮氨酸是 1903 年由法国化学家埃利希发现的。天门冬氨酸是 1827 年由法国药剂师普里森从天门冬植物中分离出来的，就用天门冬植物科属拉丁名称命名它。它的学名是氨基丁二酸【HO$_2$CCH（NH$_2$）CH$_2$CO$_2$H】。

酪氨酸是 1846 年德国化学家李比希将干酪与氢氧化钾共熔后溶于水中，用醋酸酸化制得的。它的学名是对羟基苯基丙氨酸【OHC$_6$H$_4$CH$_2$CH（NH$_2$）CO$_2$H】。它在体内合成甲状腺素、肾上腺素和黑色素。如果缺少酪氨酸或由它合成黑色素的酶，皮肤会很白皙，头发也是白色的，眼睛里没有颜色，以致因血管透出来而呈现红色，这就患了白化症。

丙氨酸是 1849 年由德国化学家斯特雷克将氰化氢作用于含有稀硫酸的乙醛—氨溶液中获得的。它的学名是氨基丙酸（CH$_3$CHNH$_2$CO$_2$H）。1881 年，德国化学家苏尔茨从植物体中发现它。它是蛋白质的基本组分。

缬氨酸是 1856 年由德国化学家贝桑雷茨从牛胰中发现的。因为戊酸主要存在于缬草根中，而这一氨基酸是氨基异戊酸【（CH$_3$）$_2$CHCHNH$_2$CO$_2$H】，也是蛋白质的基本组分。

丝氨酸是 1865 年由德国化学家克拉默从丝胶中发现的，就从拉丁文"丝"命名它。它的学名是羟基丙氨酸【$CH_2OHCH(NH_2)COOH$】，也是蛋白质的基本组分。

鸟氨酸是 1879 年波兰药学教授杰飞从鸟粪中发现的，就根据希腊文"鸟"命名它。其学名是二氨基戊酸【$H_2N(CH_2)_3CH(NH_2)COOH$】。它是精氨酸的分解产物，在食物中是很少的。

精氨酸是 1886 年由德国苏尔茨和斯泰格从白羽扇豆芽中首先发现的。1904 年，A. 柯塞尔又从许多蛋白质降解产物中发现了它。它的西文命名来自拉丁文"银"，因为它能与银盐结合形成化合物。它的学名是胍基氨基戊酸【$H_2NC(=NH)NH_2(CH_2)_3CH(NH_2)COOH$】，在鱼的精子中含量丰富，可能是我们称它为精氨酸的缘由。

苯丙氨酸【$C_6H_5CH_2CH(NH_2)COOH$】是 1881 年由苏尔茨从一些植物中发现的。它也是蛋白质的基本组分，卵中含量较多。

赖氨酸是 1889 年由德国化学家德雷斯切尔从水解酪蛋白的产物中发现的，根据希腊文"解开"命名它。我们从这一词的第一音节译为"赖"。其学名为二氨基己酸【$NH_2(CH_2)_4CHNH_2COOH$】。它在肉类蛋白质中含量较高。

组氨酸来自希腊文"身体的组织"，学名氨基咪唑丙酸。它也是蛋白质的基本组分，是 1896 年 A. 柯塞尔发现的。

谷氨酸是由 1886 年德国化学家里绍申从谷物提取的面筋中发现的。它的学名氨基戊二酸【$HOOCCH_2CH_2CH-(NH_2)COOH$】。小麦、玉米、裸麦中含量特别多。日本东京帝国大学化学教授池田菊苗（1864—1936）从 1908 年开始研究从海带中提取谷氨酸钠，虽然从 10 千克海带中只能提取 0.2 克谷氨酸钠，但把少量的它加到汤里就尝到汤的鲜味。于是利用大豆、小麦为原料提取谷氨酸，然后转变成谷氨酸钠，只到 1937 年才取得工业生产的成功，取名"味之素"，现在通称味精。

色氨酸是 1890 年由德国化学家纽米斯特从白蛋白和胰蛋白酶首先制得，并根据"胰蛋白酶"和希腊文"显现"命名它。1901 年，英国生物化学家霍普金斯从蛋白质中发现了它。它是蛋白质的基本组分，其学名是吲哚基丙氨酸。

　　脯氨酸和羟基脯氨酸是 1901—1902 年由德国有机化学家 E. 费歇尔从蛋白质分解产物中发现的。它们的命名从脯氨酸的学名"吡咯羧酸"缩写而来。脯氨酸广泛存在于蛋白质中，小麦、玉米中含量最多。羟基脯氨酸在一般蛋白质中含量较少。

　　还有苏（酥）氨酸，学名羟基丁氨酸（$CH_3CHOHCHNH_2CO_2H$）。它存在于几乎所有食物的蛋白质中。

　　众多氨基酸发现后，美国生物化学家 W. C. 罗斯在 1936 年根据自己多年对人和老鼠进行的试验结果，表明有 10 种氨基酸是人体必需的。如赖氨酸、色氨酸、组氨酸、苯基丙氨酸、精氨酸以及当时新发现的苏氨酸。

　　所谓人体必需的是指在人体内不能合成的，必须由食物中的蛋白质供给。一种氨基酸在人体内在酶的催化作用下可以转变成另一种氨基酸，但是有些氨基酸不能由别种氨基酸转变，就必须从食物中摄取。食物中的蛋白质在人体内水解的最终产物是氨基酸，然后重新组合成蛋白质，供生长、修补身体各组织。

　　德国生理学家屈内在 1867 和 1884 年从蛋白质和胃蛋白酶中发现胨。它们是蛋白质水解的初步产物，是多肽的混合物。

　　据此，E. 费歇尔和德国另一位化学家霍夫迈斯特在 19 世纪末 20 世纪初几乎同时提出蛋白质结构的肽键理论，即蛋白质是由许多氨基酸以肽键形式连接成的多肽链。肽键是一个氨基酸分子上的羧基与另一个氨基酸分子上的氨基相联结而成的化学键。1907 年，费歇尔合成了 18 个肽的长链，1916 年，瑞士化学家阿布德哈尔登合成了 19 个氨基酸的多肽。此后几十年，科学家们虽然经过种种努力，却不能再增长肽链。

　　这首先是因为蛋白质的组成复杂，而氨基酸的性质又相差无几，一种蛋白质到底由多少种氨基酸组成，含量是多少，长期以来无法精确定论。其次是因为蛋白质分子中各个氨基酸的联结次序无法知道。如果一个蛋白质分子是由 19 种氨基酸组成，即使每一种氨基酸在组成蛋白质中只使用一次，联结方式就可能有 12 亿种。第三是因为每一个氨基酸分子有两个活性基团——羧基和氨基，怎样才能使一个基团只按特定次序联结起来，也是很难的。

　　1937 年，瑞典化学家蒂塞里乌斯发明电泳法，1941 年，英国生物化学家马丁和辛格建立了色层析法。后来又发展为纸上层析分离法，为蛋白质和氨基酸的分离、提纯和鉴定提供了手段。其过程是将蛋白质水解成的氨基酸混合液一滴滴到滤纸上，再将滤纸的一角浸在丁醇的溶剂里，由于滤纸的毛细作用，溶剂带着各种氨基酸在滤纸上向上渗透。氨基酸的分子量有大有小，各种氨基酸在滤纸上"跑"得有快有慢，混合液中的氨基酸就分别停留在滤纸的不同部位，形成许多斑点而彼此被确认。

《天工开物》

《天工开物》是世界上第一部关于农业和手工业生产的综合性著作，是中国古代一部综合性的科学技术著作，有人也称它是一部百科全书式的著作，作者是明朝科学家宋应星。

《天工开物》对中国古代的各项技术进行了系统的总结，构成了一个完整的科学技术体系。收录了农业、手工业、工业——诸如机械、砖瓦、陶瓷、硫黄、烛、纸、兵器、火药、纺织、染色、制盐、采煤、榨油等生产技术。尤其是机械，更是有详细的记述。

蛋白质过量与缺乏对人体的危害

蛋白质是生命的物质基础，没有蛋白质就没有生命。因此，它是与生命及与各种形式的生命活动紧密联系在一起的物质。机体中的每一个细胞和所有重要组成部分都有蛋白质参与。人体内蛋白质的种类很多，性质、功能各异，但都是由20多种氨基酸按不同比例组合而成的，并在体内不断进行代谢与更新。

蛋白质，尤其是动物性蛋白摄入过多，对人体同样有害。首先过多的动物蛋白质的摄入，就必然摄入较多的动物脂肪和胆固醇。其次蛋白质过多本身也会产生有害影响。正常情况下，人体不储存蛋白质，所以必须将过多的蛋白质脱氨分解，氮则由尿排出体外，这加重了代谢负担，而且，这一过程需要大量水分，从而加重了肾脏的负荷，若肾功能本来不好，则危害就更大。过多的动物蛋白摄入，也造成含硫氨基酸摄入过多，这样可加速骨骼中钙质的丢失，易产生骨质疏松。

蛋白质缺乏在成人和儿童中都有发生，但处于生长阶段的儿童更为敏感。蛋白质的缺乏常见症状是代谢率下降，对疾病抵抗力减退，易患病，远期效果是器官的损害，常见的是儿童的生长发育迟缓、身体质量下降、淡漠、易激怒、贫血以及干瘦病或水肿，并因为易感染而继发疾病。蛋白质的缺乏，往往又与能量的缺乏共同存在，即蛋白质—热能营养不良，分为两种：一种指热能摄入基本满足而蛋白质严重不足的营养性疾病，称加西卡病；另一种即为"消瘦"，指蛋白质和热能摄入均严重不足的营养性疾病。

酶的认识与研究

中外劳动人民在远古时代已经将含糖或含淀粉的食物酿造成酒和醋。牛吃进去的是草，挤出来的却是富含蛋白质、脂肪的奶。人类也在把吃进的食物转变成自身成长所需的物质。

可是，一旦离开生物细胞，想在试管或烧杯里进行这些转变，那就难了。

生物细胞何以具有这些化学反应的神奇能力？是什么东西在生物细胞里面起着促进这些化学反应的奇特作用？

是生物催化剂——酶。

人们认识酶是从酵母开始的。酵母本是发酵之母的意思。它是含有酵母菌体的黄白色软固体。早在 1680 年，荷兰自然科学家、微生物学家列文虎克就用自己设计的显微镜观察酵母细胞

酿酒图

和细菌，但未能认识到它们是有生命的有机体。1857 年，法国微生物学家、化学家巴斯德证明酵母是一种有生命的有机体，强调发酵的过程是活细胞的

作用。

到 1897 年，德国化学家布希纳将酵母细胞用沙子磨成粉，加水制成糊状，放进布袋中挤压出液体，确定这种液体产生醇发酵，并把它加热到 30℃—35℃，干燥后活性也没有破坏，称它为"酶"，是"在酵母中"的意思。

这就证明发酵并不一定需要活细胞的作用，只是活细胞中存在酶的作用。在这期间里，另一些酶也先后分离出来。例如 1833 年，法国化学家帕扬和佩索兹从麦芽中分离出淀粉糖酶；1867 年德国生理学家屈内从胰液中分离出胰蛋白酶。

从此，酶是一种化学物质开始被人们认识。

英国生物化学家哈登在 1911 年证明酵母酶的活性在透析后失去。他利用透析的方法把酵母酶分离成大小两种分子，小分子的活性在煮沸后仍然保留，而大分子的活性在煮沸后就失去，说明小分子对于酶的活性是必需的。他认为大分子是蛋白质，小分子是非蛋白质，并把小分子称为"辅酶"。

之后，德国出生的瑞典生物化学家奥伊勒·歇尔平提纯了哈登分离出来的辅酶，确定这种辅酶是糖和磷酸的特殊酯。他还解释了辅酶的辅助作用是生物活性物质的助手。

奥伊勒·歇尔平和哈登因辅酶的研究共获 1929 年诺贝尔化学奖。

直到 1929 年美国生物化学家萨姆纳分离出结晶的分解尿素的尿素酶后，才给酶是一种物质、是一种蛋白质做出了肯定答复。

萨姆纳 17 岁时在一次射击事故中失去了左手臂，但他执意学习化学，进行化学实验。1917 年，他开始了分离纯酶的工作，选择了能把尿素催化分解成氨和二氧化碳的尿素酶。这种酶在大豆中大量存在。他先后用水、甘油、30% 的乙醇作为溶剂溶解，均告失败。经过 9 年时间，终于在 1926 年利用 30% 的丙酮作为溶剂，取得成功，获得晶体物，具有很高的尿素活性，检验确定是蛋白质。

但是这违反了德国化学家威尔斯塔特的权威结论。威尔斯塔特在 20 世纪 20 年代制得了纯净的酵母转化酶和其他几种酶，认为酶本身不是蛋白质，而是一种低分子量的物质，吸附在非晶体的、没有什么结构的、如蛋白质类的胶体上。

但在 1930—1935 年，美国化学家诺思罗普和他的同事们分离出胃蛋白

酶、胰蛋白酶等多种酶，获得它们的结晶，明确表明它们是蛋白质。这使化学家信服萨姆纳是正确的，而威尔斯塔特所做的酶是非蛋白质的断言是错误的。

诺思罗普和萨姆纳因此共获 1946 年诺贝尔化学奖。共获这一年诺贝尔化学奖的还有美国生物化学家斯坦利。他在 1936 年分离并结晶出烟草坏死病毒，证明它是蛋白质。

关于酶催化专一性的研究，19 世纪末 20 世纪初，德国有机化学家 E. 费歇尔提出"锁与钥匙"的理论。把酶比作锁，反应底物比作钥匙。（反应底物是指与酶直接发生作用的化合物）

这一理论基本是正确的，经修正和补充，明确酶和被作用的底物生成中间化合物，它不仅容易生成，而且容易转变成产物。

知识点

病　毒

　　病毒个体微小、结构简单，只含单一核酸。病毒同所有生物一样，具有遗传、变异、进化的能力，是一种体积非常微小，结构极其简单的生命形式。病毒有高度的寄生性，完全依赖宿主细胞的能量和代谢系统，获取生命活动所需的物质和能量，离开宿主细胞，它只是一个大化学分子，停止活动，可制成蛋白质结晶，为一个非生命体，遇到宿主细胞它会通过吸附、进入、复制、装配、释放子代病毒而显示典型的生命体特征，所以病毒是介于生物与非生物的一种原始的生命体。

延伸阅读

酶的特性

1. 高效性：酶的催化效率比无机催化剂更高，使得反应速率更快。
2. 专一性：一种酶只能催化一种或一类底物，如蛋白酶只能催化蛋白质水解成多肽。

3. 多样性：酶的种类很多，大约有4 000多种。

4. 温和性：是指酶所催化的化学反应一般是在较温和的条件下进行的。

5. 活性可调节性：包括抑制剂和激活剂调节、反馈抑制调节、共价修饰调节和变构调节等。

6. 有些酶的催化性与辅因子有关。

7. 易变性：由于大多数酶是蛋白质，因而会被高温、强酸、强碱等破坏。一般来说，动物体内的酶最适温度是35℃—40℃，植物体内的酶最适温度是40℃—50℃。细菌和真菌体内的酶最适温度差别较大，有的酶最适温度可高达70℃。动物体内的酶最适pH大多在6.5到8.0之间，但也有例外，如胃蛋白酶的最适pH为1.8，植物体内的酶最适pH大多在4.5到6.5之间。

碳水化合物的认识

1811年，法国化学家盖吕萨克和泰纳尔发表了他们共同分析的一系列有机化合物的报告，指出糖、淀粉、木材中除含碳外，氢和氧的比例相当于水的组成，称它们为碳水化合物。

大约在1835年，法国化学家帕扬、佩鲁兹发表研究各种植物细胞壁组成的论说，分析确定其中含有一种碳水化合物，与淀粉同分异构，可以水解成简单的糖，从法文"细胞"称它为纤维素。

木材中含有大量纤维素和木质素。木质素不是碳水化合物，不能水解成单糖，是木材干馏生成甲醇的来源，因为它的分子中含有甲氧基（$CH_3O—$）。帕扬在1842年创立分离纤维素与木质素的方法，硝酸溶解木质素，使与纤维素脱离；硫酸溶解纤维素，留下木质素。

但是碳水化合物这一名称不能反映它们的结构特征。首先在碳水化合物分子中氢和氧并不是以水的形式存在，再者已经发现有些碳水化合物分子中氢与氧的比例并不都等于2∶1，例如1879年，德国化学家哈姆柏格水解栎树中的栎素得到鼠李糖（$C_6H_{12}O_5$）就是一例。有些等于2∶1的，例如乙酸（$C_2H_4O_2$）、乳酸（$C_3H_6O_3$），从性质上不能属于碳水化合物。即使如此，这个名称还是保留下来了。我国化学家们曾创造"醣"代替它。现今一些化学教材中多用"糖"字，把它们分为单糖、二糖和多糖。单糖和二糖又合称糖类，多糖就称为多糖类。

多糖中的淀粉【$(C_6H_{10}O_5)_n$】在自然界中分布很广，谷类和豆类的种子中含淀粉最多，是人们自古以来主要的食物，人们早已认识它。

1811年，俄国彼得堡宫廷德国药剂师 G. S. 基尔霍夫发现将淀粉糊与稀硫酸共同加热后转变成葡萄汁中存在的糖。之后在1819年，法国化学家布拉康诺将纤维素与硫酸共同蒸煮，也得到葡萄汁中存在的糖。这就揭开了淀粉和纤维素组成的秘密，也成为今天利用淀粉、含纤维素的木屑、刨花制取葡萄糖的启示。

1833年，佩鲁兹发现淀粉受稀硫酸作用后不仅生成葡萄糖，还生成一种胶，称它为"糊精"。

淀粉在稀硫酸作用下发生水解，生成一系列产物，首先是糊精，然后经麦芽糖，最后得到葡萄糖。

糊精是比淀粉分子小的多糖，能溶解于水成为胶体溶液，多用作浆糊。

多糖中还有动物淀粉，是法国生理学家贝拉德在1857年从肝中发现的，称它为"糖的产生者"、"糖原"。它与淀粉不同，较易溶于热水，不形成黏稠溶液。它主要存在于肝脏中。它的作用是储备碳水化合物，并在需要时能分解成单糖。在正常情况下，由于这些物质的相互作用，使我们血液中的糖量保持稳定状态。

二糖中主要是蔗糖、麦芽糖和乳糖。

据西班牙殖民者们的记述，古代墨西哥印第安人用玉米茎和龙舌兰制糖，北美印第安人用枫树汁液熬糖。利用甘蔗制糖可能是印度人的创造。公元前300年印度东部地区开始用甘蔗制糖。甘蔗原产于新几内亚，长期以来当地居民仅用来咀嚼食用，后来传到印度。7世纪中国朝廷派人去印度学习制糖方法。他们回国后在扬州开始制糖。8世纪阿拉伯人把蔗糖传入欧洲各国。

1747年法国化学家马格拉夫在甜菜中发现蔗糖。他的学生阿查德从1786年开始经营工业生产甜菜糖。1799年，他将从甜菜汁中制成的一个圆锥形蔗糖块送给普鲁士皇帝威廉三世并得到资金帮助，于1802年开始建厂生产。

1833年，法国巴黎商学院工业化学教授、制糖商人杜布伦福发现，蔗糖经酸水解作用后生成葡萄糖和果糖，被称为转化糖，比原来的蔗糖甜，供制造绵白糖、药物、啤酒、糖果、糕点等用。这为人们认识蔗糖的组成打开了途径。

后来发现，蜂蜜是转化糖，蜜蜂自花中采集的花蜜主要含蔗糖，其中含有转化酶，可以水解蔗糖。但蜂蜜并不是纯转化糖，除葡萄糖和果糖外，还含有一些蔗糖。

在我国古代叫作饴和饧的就是以麦芽糖为主的甜味食品，至今麦芽糖在我国仍称为饴糖。我们把米饭放进嘴里细细咀嚼会愈嚼愈甜，就是米饭中的淀粉受到唾液中的唾液淀粉酶的作用转变成麦芽糖的缘故。我国古代人知道从含淀粉的粮食中用麦芽制造麦芽糖至少始于公元前 1000 年左右。麦芽中含有淀粉糖化酶，能使淀粉转变成葡萄糖。帕扬和佩鲁兹在 1833 年从麦芽中分离出这一种酶。

麦芽糖经酸水解，只得到葡萄糖。麦芽糖在人体内容易消化成葡萄糖。市售的麦精鱼肝油中大部分是麦芽糖。

乳糖存在于哺乳动物和人的乳汁中，人乳汁中含乳糖 5%—7%，牛乳中含 4%—5%。

1856 年，巴斯德水解牛乳中的糖获得一种糖，称它为乳糖。1860 年，法国化学家贝特洛研究确定，巴斯德水解牛乳中的糖得到的是半乳糖，牛乳中的糖是乳糖。半乳糖是一种单糖，是乳糖水解的产物。乳糖水解的产物不同于蔗糖、麦芽糖，是半乳糖和葡萄糖。

单糖中除半乳糖外，主要是葡萄糖和果糖。葡萄糖是在 1792 年由德国应用数学教授洛维兹从葡萄汁中得到的，确定它是一种不同于蔗糖的糖。后来在 1811 年和 1819 年基尔霍夫和布拉康诺分别从水解淀粉和纤维素中得到它。但是直到 1838 年法国化学家佩里高才鉴定并命名它为葡萄糖。佩里高还鉴定在蜂蜜中和糖尿病人尿中存在葡萄糖。我国明朝王世懋编著的《二酉委谭》中就讲述到消渴病（糖尿病）人尿味甜。1776 年英国医生道布森也鉴定了糖尿病人尿中含有糖。这是因为病人身体中葡萄糖代谢不正常，血中葡萄糖浓度特别高，所以常从尿中排泄。医生口尝病人的尿是了不起的。

果糖广泛存在于果实汁液中，是常见糖中最甜的糖，但是人们长期没有把它作为一种不同于其他糖类的物质存在。只是在 1833 年杜布伦福发现蔗糖经酸水解成葡萄糖和果糖后才改变过来。杜布伦福利用葡萄糖易从水溶液中结晶析出和它们的钙盐在水中的溶解度不同，把它们分离，确定了果糖的存在。

1880 年，德国有机化学家基里安尼观察到葡萄糖很快被溴氧化成葡萄糖酸【$CH_2OH(CHOH)_4COOH$】，而果糖只是被溴缓慢氧化，经过几个星期后产生乙醇酸【$HOCH_2COOH$】。于是他确定葡萄糖是醛糖，而果糖是酮糖，因为醛非常容易氧化成含同数碳原子的羧酸，而酮不易氧化。1886 年，他为了确定葡萄糖和果糖分子中的碳原子数和羰基的位置，又进行了氢氰酸（HCN）与葡萄糖和果糖的加成反应。这是由低级糖增加碳原子合成高一级糖的一种方法。生成物经还原后分别获得含 7 个碳原子的正庚酸和异庚酸。于是他给出葡萄糖的化学式：$CH_2OH(CHOH)_4CHO$，果糖的化学式：$CH_2OHCO(CHOH)_3CH_2OH$。

这就从分子结构方面明确区分了葡萄糖和果糖。

1887 年，E. 费歇尔从立体化学角度研究葡萄糖类分子，得出它具有 16 个空间异构体。

到 1929 年，英国化学家霍沃思发表《糖的构造》，才明确肯定葡萄糖等单糖有环状结构。

霍沃思进一步测定了许多碳水化合物的结构，提出蔗糖、麦芽糖、乳糖等二糖是以氧桥把两个单糖单元结合起来的分子，而纤维素和淀粉也是不同构型的葡萄糖联结起来的。

木质素

木质素是构成植物细胞壁的成分之一，具有使细胞相连的作用。在植物组织中具有增强细胞壁及黏合纤维的作用。其组成与性质比较复杂，并具有极强的活性。不能被动物所消化，在土壤中能转化成腐殖质。

木质素在木材等硬组织中含量较多，蔬菜中则很少含有。一般存在于豆类、麦麸、可可、巧克力、草莓及山莓的种子部分之中。其最重要的作用就是吸附胆汁的主要成分胆汁酸，并将其排除体外。

糖对人体危害的最新研究

糖在生命活动中的作用无疑是不可替代的。它为机体的生命活动、生长发育提供必需的能量，参与机体的代谢活动和物质的合成。吃甜食还能让大脑产生欣快感，缓解压力。但是当越来越多的人面临肥胖、糖尿病、心脑血管疾病的困扰，越来越多的人抱怨对甜食上瘾时，我们还可以毫无顾忌地享受糖带来的快乐吗？

2008年路透社报道了普林斯顿大学做的一项研究结果：大量服用糖水后，老鼠出现了行为变化和神经化学变化，与动物或人类吸毒后出现的变化类似。Hoebel告诉记者"这些动物出现了停药反应，甚至长久出现副作用，很像上瘾。"

最近美、英、日等国的科学家检测发现，各国人口死亡率竟与该国糖的消耗量成正比。世界卫生组织在调查23个国家人口的各种死因后指示，嗜糖比嗜烟更可怕。长期嗜食高糖食物的人，平均寿命要比正常食糖者缩短20年左右。

虽然目前还没有明确的证据证明高糖饮食可引起心血管疾病的发病率增加，但诸多研究表明，高糖饮食可引起肥胖和血脂的异常，从而增加了患心血管疾病的风险。西欧和美国等国的高血压、动脉硬化、冠心病、肥胖病、糖尿病的发病率之所以高，与他们的高糖高脂饮食有关。

近些年，糖与癌症的关系引起了医学界的注意，日本的名和能治医师在《怎样防治癌症》一书中提出了糖与癌症的关系。他说："癌细胞等肿瘤细胞的生活能源是什么呢？它们不像一般正常细胞那样依靠氧呼吸，而是主要依靠糖酵解作用为生。这些肿瘤细胞分解糖的能力非常强盛，约为血液的20倍。如果使血液流过肿瘤，约有57%的血糖被肿瘤消耗掉。由此可见癌细胞是多么喜欢糖了。"此外，糖是一种酸性食物，如果大量食用，会使体内酸碱平衡失调，呈现中性或弱酸性环境，这样会降低人体免疫力，削弱白细胞抗击外界病毒进攻的能力，加之钙量不足，均可成为致癌的诱发因素。

油脂和脂肪酸的研究

油脂是人类自古以来的食物，但是作为化学物质只是从 19 世纪开始才被人们认识。当时欧洲化学家们掀起研究动物和植物化学的兴趣。动物和植物体内部含有丰富的油脂。

1813 年，法国化学家谢弗罗尔开始研究油脂和油脂制成的肥皂。当时的肥皂是用动物脂肪和草木灰共同熬煮制得的。早在 1783—1784 年间，谢勒将动物油、水和正方铅矿（一氧化铅）共同熬煮，得到一种铅糊肥皂，将溶液蒸发后留下稠浆，像糖一样有甜味。他认为这是油脂中含有的甜素。谢弗罗尔认识到是动物脂肪与碱反应生成肥皂的副产物甘油。

谢弗罗尔将猪油制得的肥皂与无机酸共同熬煮后，获得两种酸物质，一种从溶液中结晶析出，形似珍珠，就从希腊文"珍珠"命名它为"珍珠酸"，另一种留在溶液中成油状，从拉丁文"油"命名为"油酸"。后来他将珍珠酸改称硬脂酸。这个词来自希腊文"脂肪"，因为他认识到珍珠酸是硬脂酸和另一种较易熔化的酸的混合物。但他没有能分离出这种较易熔化的酸。

1841 年，英国一位矿物分析员斯坦豪斯从棕榈油中发现棕榈酸，1846 年，德国化学家施瓦兹分析确定它的化学组成是十六烷酸【CH_3（CH_2）$_{14}$COOH】，又称软脂酸。接着德国药剂师海英兹确定珍珠酸是硬脂酸和软脂酸的混合物，并确定硬脂酸的化学组成是十八烷酸【CH_3（CH_2）$_{16}$COOH】。另外，海英兹还将鲸蜡基氰【氰十六烷，CH_3（CH_2）$_{14}$$CH_2$CN】水解取得一种酸，熔点 59.9℃，称为珍珠酸 ｛十七烷酸【CH_3（CH_2）$_{15}$COOH】｝，并认为珍珠酸在自然界中不存在。

油酸的化学组成被确定是一种不饱和酸。

1827 年，法国化学家比西从蓖麻子油中发现蓖麻醇酸 ｛羟基十八烯酸【CH_3（CH_2）$_5$CH ═ CH（OH）—CH_2 ═ CH（CH_2）$_7$COOH】｝。1841 年出生于印度的英籍化学家普莱费尔从肉豆蔻脂中发现肉豆蔻酸 ｛十四烷酸【CH_3（CH_2）$_{12}$COOH】｝。1842 年，德国化学家马森从月桂脂中发现月桂酸 ｛十二烷酸【CH_3（CH_2）$_{10}$COOH】｝。

一些低级脂肪酸也在这段时期被发现。丙酸（CH_3CH_2COOH）是在1844年发现的。德国化学家戈特莱布将蔗糖、淀粉或树胶与浓碱共热得到它，称它为二乙基丙酮酸，因为它也可以由氧化二乙基甲酮【$(C_2H_5)_2CO$】制得。

1846年，德国化学家雷登巴彻将稀甘油和酵母的混合物暴露在空气中也得到了它。

1841年，德国化学家诺勒尔发酵不纯的石头酸钙，得到一种酸，称为"假醋酸"或"丁醋酸"。

1843年，贝齐里乌斯认为这是醋酸和丁酸的混合物。

直到1847年，法国化学家杜马拉古蒂等人水解乙基氰【丙腈（C_2H_5CN）】得到一种酸。分析测定它的组成后确定它和二乙基甲酮酸以及假醋酸是同一种酸，称它为丙酸。这一词来自希腊文"第一"和"脂肪"缀合而成，即"第一脂肪酸"。因为它是形成具有滑腻感盐的最简单的酸，由此我们又称它为初油酸或初学酸。

丁酸是谢弗罗尔在1817年从牛乳脂中分离出来的。1844年，法国化学家佩卢兹等人正确分析测定它的化学式【$CH_3(CH_2)_2COOH$】。我们从它的含碳原子数称之为丁酸，又因来自牛乳脂，因而又名酪酸。1846年，雷登巴彻从角豆树豆中分离出一种酸，认为是丁酸。俄国化学家马尔科夫尼科夫分析确定它是异丁酸｛2-甲基丙酸【$(CH_3)_2CHCOOH$】｝。

戊酸是谢弗罗尔在1823年从海豚油中取得的一种酸，就称为海豚酸。同时一种类似的酸从缬草根中发现，从缬草科属拉丁名称命名为缬草酸。1833年，德国化学家特劳姆斯道尔弗分析测定了它的组成是五烷酸【$CH_3(CH_2)_3COOH$】，因而称之为戊酸。

己酸【$CH_3(CH_2)_4COOH$】和癸酸【$CH_3(CH_2)_6COOH$】是谢弗罗尔在1817年和1823年从山羊脂中获得的。1844年，化学家勒赫正确测定了它们的化学式，并从山羊脂中发现辛酸【$CH_3(CH_2)_6COOH$】。这三种酸的西文命名都来自同一拉丁文 Capra（山羊）。我们又分别称它们为羊油酸、羊脂酸、羊蜡酸。

在这些脂肪酸的发现中，谢弗罗尔实验证明肥皂是不同脂肪酸的盐，主要是硬脂酸、软脂酸、油酸的盐。证明在制造肥皂过程中除生成肥皂外，还生成甘油。测定了甘油的化学组成含碳38.868%、氢8.657%、氧49.474%，接近正确地得出甘油的化学式 $C_3H_5(OH)_3$。

1823 年，谢弗罗尔做出结论：油脂是由脂肪酸和甘油构成的。称它们为酯，来自醚。因为醚最初是由酸与醇制得的，而酯也是由酸与醇结合而成的。

卵磷脂是一种类脂肪，是法国药学教授古布里在 1846 年从蛋黄、胆汁和静脉血中分离出来的一种含磷的脂肪物质，水解后生成十七烷酸和油酸。德国生物化学家霍珀·赛勒首先制得纯净的卵磷脂。

卵磷脂是动植物细胞膜的组成成分，白色蜡状物，在空气中变黑。商业上出售的是磷脂和甘油酯的混合物，是从大豆油制成，用在食品工业和其他工业中。

结　晶

结晶是溶质从溶液中析出的过程，可分为晶核生成（成核）和晶体生长两个阶段，两个阶段的推动力都是溶液的过饱和度（溶液中溶质的浓度超过其饱和溶解度之值）。晶核的生成有三种形式，即初级均相成核、初级非均相成核及二次成核。在高过饱和度下，溶液自发地生成晶核的过程，称为初级均相成核；溶液在外来物（如大气中的微尘）的诱导下生成晶核的过程，称为初级非均相成核；而在含有溶质晶体的溶液中的成核过程，称为二次成核。

脂肪的生理功能

1. 生物体内储存能量的物质并给予能量。1 克脂肪在体内分解成二氧化碳和水，并产生 38kJ 能量，比 1 克蛋白质或 1 克葡萄糖高一倍多。

2. 构成一些重要生理物质。脂肪是生命的物质基础，是人体内的三大组成部分（蛋白质、脂肪、糖类）之一。磷脂、糖脂和胆固醇构成细胞膜的类脂层，胆固醇又是合成胆汁酸、维生素 D3 和类固醇激素的原料。

3. 维持体温和保护内脏、缓冲外界压力。皮下脂肪可防止体温过多向外散失，减少身体热量散失，维持体温恒定。也可阻止外界热能传导到体内，有维持正常体温的作用。内脏器官周围的脂肪垫有缓冲外力冲击、保护内脏的作用，减少内部器官之间的摩擦。

4. 提供必需脂肪酸。

5. 脂溶性维生素的重要来源。鱼肝油和奶油富含维生素 A、D，许多植物油富含维生素 E。脂肪还能促进这些脂溶性维生素的吸收。

6. 增加饱腹感。脂肪在胃肠道内停留时间长，所以有增加饱腹感的作用。

多种多样的苷

苷曾称为甙，又称配糖物。西方名称来自希腊文"甜"，但它们多数是苦的。它存在于植物体中，在一些酶或稀酸作用下分解成葡萄糖和其他化合物。

很久以前人们已知苦杏仁中含有有毒物质。1803 年，法国药剂师罗比凯和鲍特隆·查拉分析研究了它。他们将苦杏仁压出油后，将残渣与乙醇共煮，获得一种树脂、一种液体糖和一种含氮的结晶化合物，从拉丁文"杏仁"称它为"苦杏仁苷"。他们发现甜杏仁中不含苦杏仁苷。

这也引起了武勒和李比希的兴趣，1836 年，他们通过研究发现，苦杏仁苷被一种存在于苦杏仁中的苦杏仁酶水解，除生成苦杏仁油（苯甲醛）外，还生成氢氰酸和葡萄糖。氢氰酸是一种剧毒化合物。

苦杏仁苷广泛用于调味品材料。它的发现开辟了苷化合物的领域。

中外很早就知道柳树皮的药用功效。1763 年，英国伦敦皇家学会发表一位牧师斯通的回忆录。其中提到用柳树皮碾成粉末可以治疗疟疾发热。1829 年，法国药剂师勒鲁首先将柳树皮粉末放在水中煎熬，浓缩过滤后得到一种可溶性晶体。他称它为柳醇。当时巴黎著名的神经科医生马让迪在医院试用这种柳醇后表示：它可以在一两天内止住各种发热，不管是什么类型的发热。

法国化学家盖吕萨克和他的学生佩鲁兹在 1830 年研究了这个柳醇，发现

柳树皮

它与他们的同国人罗比凯和鲍特隆·查拉在 1803 年发现的苦杏仁苷同属一类，是一种苷，从法文"柳树"命名它为"柳苷"。他们确定了它的化学组成 $C_{17}H_{18}O_7$。它广泛存在于柳树、白杨树的树皮、嫩枝和叶子中。它水解除生成葡萄糖外，还有柳醇和其他醇。

1830 年，法国化学家布拉康诺还在白杨树的树皮和叶子中发现了另一种苷，就从拉丁文"白杨"命名它为"杨苷"。1852 年，意大利都灵大学化学教授皮里亚分析确定它是苯酰柳苷【$C_{13}H_{17}(C_6H_5CO)O_7 \cdot 2H_2O$】。

之后，又发现毛地黄苷，又称洋地黄苷。这个词来自洋地黄植物科属拉丁名称。它的花冠呈指套状，花冠颜色为紫色。洋地黄是一种两年或多年生草本，原产欧洲，我国许多地方也有栽培。它在欧洲从 10 世纪起就流传为家庭良药。一直到 1785 年英国植物学家威瑟林发现它可治疗水肿及其他疾病后才正式列入常用药物中。它是一种强心药，能加强心肌收缩和减慢心率。1845 年，法国药剂师霍默尔提取得到它，确定它的化学组成 $C_{36}H_{56}O_{14}$。它的水解产物除生成葡萄糖外，还有有毒的物质。

熊果苷（$C_6H_{11}O_5$—O—C_6H_5OH）是一种无色结晶体，存在于熊葡萄树叶中。熊葡萄树是一种灌木，出产在南欧和北美，是一种利尿药。它水解生成葡萄糖和对苯二酚【$C_6H_4(OH)_2$】，有防腐效能。1852 年奥地利药剂师卡瓦莱尔首先提取得到它。

芸香苷（$C_{27}H_{36}O_{16} \cdot 3H_2O$）是黄色晶体，存在于芸香叶和荞麦中。芸香是多年生草本，原产地中海沿岸。它能降低血压，19 世纪初德国化学家威斯从芸香叶中发现它，它水解生成芸香糖。

19 世纪发现的苷中还有栎苷（来自拉丁文"栎树"，$C_{21}H_{20}O_4$）和松柏苷（来自拉丁文"松柏属植物"，$C_{16}H_{22}O_8$）。前者是两位法国化学家谢弗罗尔和布拉康诺分别在 1830 年和 1849 年从黄木和黄栎树中发现的，它是一种淡黄色晶体，水解产生糖和一种醇，用作染料；后者是两位德国化学家蒂曼和哈曼从冷杉中发现的，它是一种晶体物质，在空气中有一种微弱的香味。因为部分氧化成香料香草醛，其水解产物除生成葡萄糖外，还生成松柏醇，它是制取香草醛的原料。

还有一些苷，如萝卜根中含有的萝卜苷、夹竹桃中含有的夹竹桃苷等。

由于医药的需求，化学家们已经合成了一些苷。第一个合成的苷是甲基葡萄糖苷，是 1893 年由德国化学家 E. 费歇尔合成的。

夹竹桃

灌 木

灌木是指那些没有明显的主干、呈丛生状态的树木，一般可分为观花、观果、观枝干等几类，是矮小而丛生的木本植物。常见灌木有玫瑰、杜鹃、牡丹、小檗、黄杨、沙地柏、铺地柏、连翘、迎春、月季、荆、茉莉、沙柳等。

灌木具有丰富的生态和经济价值，灌木加工业市场前景看好。灌木虽不能生产木材，但用途相当广泛，可以做饲料、肥料、工业原料等。

苷的分类

苷类的分类一般有下列几种：

1. 按苷元化学结构分为香豆素苷、皂苷、蒽醌苷、黄酮苷等。

2. 按苷在植物体内的存在状况分类。原存在于植物体内的苷称为原生苷，提取分离过程中因水解而失去一部分糖的苷称为次生苷。例如苦杏仁苷是原生苷，水解后失去一分子葡萄糖而成的野樱苷就是次生苷。

3. 按成苷键的原子分类分为 O–苷、S–苷、N–苷和 C–苷，这是最常见的苷类分类方式。其中最常见的是 O–苷。

（1）O–苷：包括醇苷、酚苷、氰苷、酯苷和吲哚苷等。

醇苷：是通过醇羟基与糖端基羟基脱水而成的苷。其中强心苷和皂苷是醇苷中的重要类型。

酚苷：通过酚羟基而成的苷，如蒽醌苷、香豆素苷、黄酮苷等。

氰苷：主要是指一类 α–羟腈的苷，易水解，尤其在酸和酶催化时水解更快。如苦杏仁苷。苦杏仁苷存在于苦杏仁中，它是 α–羟腈苷。在体内缓慢水解生成很不稳定的 α–羟基苯乙腈，继续分解成苯甲醛（具有杏仁味）和氢氰酸，后者用于镇咳，但大剂量时有毒。

酯苷：苷元以羧基和糖的端基碳相联结。这种苷的苷键既有缩醛性质又有酯的性质，易为稀酸和稀碱所水解。如有抗真菌活性的山慈菇苷 A。

（2）S–苷：是由苷元上的巯基与糖分子端基羟基脱水缩合而成的苷。如黑芥子中的黑芥子苷。

（3）N–苷：苷元上氮原子与糖的端基碳直接相连而成。如生物化学中经常遇到的腺苷和鸟苷等。存在于中药巴豆中的巴豆苷也为 N–苷。

（4）C–苷：是由苷元中的碳原子直接与糖分子端基碳原子相连的苷类。碳苷在蒽衍生物及黄酮类化合物中最为常见，如芦荟苷。

此外，分类方法还有按苷的特殊性质分类，如皂苷；按生理作用分类，如强心苷等。

激素的探索

激素又称内分泌，是一类有机化合物。它们由生物体内一些腺体器官，如甲状腺、肾上腺、胰腺、性腺等产生，不同于外分泌，不是通过导管，而是通过体液或细胞外液运送到特定作用部位，调节控制生长、发育、生殖、新陈代谢等，活跃身体功能，保持身体健康。

很久以前人们已经知道，如果将人体或动物体内某些腺体摘除后，机体会发生显著变化。古代就已经对家畜进行阉割，摘除性腺，促进它们的生长。我国唐朝医生孙思邈（581—681）在其编著的《千金要方》中就已经指出，动物的甲状腺可作为医药。1891年，英国医生默里首先用羊甲状腺提取液治疗黏液性水肿病人，取得了很好的疗效。

到1905年，英国牛津大学生理学教授贝利斯和他的妻子的弟弟、伦敦大学生理学教授斯塔林合作发表论说，宣称他们从小肠黏膜提取液中发现促使胰脏分泌的促胰液素，指出在正常消化中，胃里的酸性内容物到达十二指肠时，刺激肠壁产生促胰液素。促胰液素经血液运到胰脏，引起胰腺分泌消化液。他们根据这种物质的生物活性，命名为"荷尔蒙"，又按意称为激素。从此开始了激素的研究。

事实上，激素的研究在这以前就已经开始。1897年，美国生物化学教授艾贝尔宣布从肾上腺中分离出肾上腺素。后来经过检验，它是肾上腺素的一种衍生物。1901年，美籍日本生物化学家高峰让吉从羊的肾上腺中分离出它。1901—1904年它的化学结构式被确定。

之后，通过人工合成了它，因为医药中需要用它治疗支气管哮喘和抢救过敏性休克或心肌骤停。它在人体中具有使血液中血糖增高，促进糖的氧化以及心率加速、血管收缩、血压升高和平滑肌松弛等功能。它不溶于水和多数有机溶剂，而溶于无机酸。

甲状腺素具有促进人体细胞代谢，增加氧消耗，调节基础代谢以及促进机体组织生长、发育和分化的功能。

甲状腺功能亢进，分泌甲状腺素过多时，耗氧增加，基础代谢升高，人体消瘦无力。甲状腺功能衰退时，儿童期会患呆小病，成年期会患厚皮病。饮食中长期缺碘，甲状腺素会减少，引起甲状腺肿胀，就是大脖子病。

甲状腺肿胀

早在 1895 年，德国化学家鲍曼发现甲状腺素内存在含碘的有机化合物。1919 年，美国生物化学家肯德尔从 3 吨新鲜甲状腺中提取出 0.23 克结晶物质，含有碘 65%，称为甲状腺素，来自希腊文，原意是"椭圆形的护罩"，暗示大脖子。1926 年，英国生物化学家哈林顿在肯德尔工作的基础上得到 0.027 微克的甲状腺素，并很快阐明它的分子结构是酪氨酸的衍生物。

英国化学家巴杰在 1927 年合成甲状腺素。

胰岛素是和糖尿病关系密切的激素。1899 年，德国医生梅林和俄国出生、在德国工作的医生明科夫斯基在做狗的胰脏切除手术时发现，狗产生的症状类似人的糖尿病，开始把胰脏同糖尿病联系起来。此后有不少实验证实了这种联系。

1920 年，加拿大生理学家班廷开始研究调节葡萄糖代谢的激素与胰岛的关系。胰岛是指胰腺细胞上的小斑块。1921 年他与生理学家麦克劳德共同研究。麦克劳德认为需要有生物化学方法的帮助，于是推荐一位青年研究生贝斯特协助班廷工作。经过 6 个月实验，他们从狗的胰腺中提取出纯激素，称为胰岛素，发现它具有抑制狗糖尿病的功能，后来又对人体进行试验，也具有同样效果，从此确立胰岛素分泌不足是糖尿病的直接原因。班廷和麦克劳德共获 1923 年诺贝尔生理学和医学奖。班廷因贝斯特未在获奖名单中而不平，把他获得的奖金与贝斯特平分了。

胰岛素这一名称是 1909 年由法国生理学家德迈尔提出来的，来自拉丁文"岛"，当时只是初步认识到胰岛素与胰岛之间的关系。

1925 年，艾贝尔得到胰岛素晶体。由于胰岛素是一种蛋白质，分析它的化学结构遇到很大困难。1955 年，英国生物化学家桑格确定了蛋白质牛胰岛素中全部氨基酸序列，使化学家们能够人工合成胰岛素，同时也促进了蛋白质结构的研究。桑格获得 1958 年诺贝尔化学奖。1965 年，我国化学家汪猷（1910—1997）、邢其毅、邹承鲁等人用有机化学方法合成了结晶牛胰岛素。

性激素是促进性成熟和影响性功能的激素。1929 年，美国生物化学家多伊西从卵泡首先分离出性激素，就称为雌酮。同年，德国生物化学家布特南特也从孕妇尿中分离出这一物质。我国早在 11 世纪的医药典籍中就有从人尿提取性激素秋石的记述。

1931 年，布特南特又从 15 000 升尿中取得 15 毫克雄酮，或称睾丸酮、睾丸激素。1934 年，他和出生在原南斯拉夫克罗地亚的瑞士籍化学家鲁齐卡一起合成了它，并确定了它的复杂的分子结构。因此他们二人共获 1934 年诺贝尔化学奖。

虽然雄性和雌性激素主要是在睾丸和卵巢内生成，但是在其他组织与脏器中也有发现。雌雄两种激素在雌雄个体中同时分泌，只是雌体中分泌的雌性激素量较大，而雄体中分泌的雄性激素量较大。

雄性与雌性激素具有专对某一特定组织呈现作用的能力，当男孩体内生成足量的雄性激素时，性器官即开始发育，并且出现雄性第二性征如肤毛、声音改变等。未成熟女孩体内出现雌性激素时，则在性器官中发生成年女子所特有的变化，能够生育，同时出现雌性第二性征，如乳腺发育，表现特有体态。

20 世纪 50 年代前后，内分泌方面最重大的成就是发现了脑下垂体分泌的激素。脑下垂体简称垂体，位于大脑的中下方，是脑的附属物，是一个体积很小的腺体，但是其中能制造许多种激素，并且对新陈代谢的正常进行也有很大作用。

1953 年，美国生物化学家杜维尼奥和他的同事们分别从狗和牛的垂体中分离出（垂体后叶）催产（激）素和（垂体后叶）加（血）压（激）素。并且在 1954 年人工合成了催产素，证明它在促进分娩和乳汁分泌方面与天然激素一样有效。这是第一个人工合成的蛋白质。杜维尼奥因此获得 1955 年诺贝尔化学奖。

在植物体中发现有些物质类似动物体内的激素，对某些组织具有特殊作用。这些物质称为植物激素。它们具有促进根、茎、叶生长的功能。

1928 年发现第一种植物生长刺激素吲哚乙酸，简称 IAA，其分子式为 $C_{10}H_9NO_2$。

最初由于它对植物生长发挥有力的刺激促进作用，大量应用后，造成植物过度生长，导致植物死亡。后来发现，植物本身利用新陈代谢能够控制它的含量。

随后发现 α–萘乙酸（$C_{12}H_{10}O_2$），它能刺激植物插枝插条时根的生长。

到 20 世纪 40 年代初期，出现 2，4–D 和 MCPA。前者是 2，4–二氯苯氧基乙酸的简称，后者是 2–甲基—4–氯苯氧基乙酸的简称。

2，4–D 和 MCPA 对植物刺激生长的作用和 IAA 相似，但不同于 IAA 的是它们在植物体内不进行新陈代谢，因此，使用它们时，浓度过高会致植物死亡。它们是第一种刺激性的野草杀剂，对哺乳动物毒性低，杀灭阔叶莠草而不伤害谷类等禾本科植物；在低浓度时有效，容易合成，价廉。

糖尿病

糖尿病是由遗传因素、免疫功能紊乱、微生物感染及其毒素、自由基毒素、精神因素等等各种致病因子作用于机体导致胰岛功能减退、胰岛素抵抗等而引发的糖、蛋白质、脂肪、水和电解质等一系列代谢紊乱综合征，临床上以高血糖为主要特点，典型病例可出现多尿、多饮、多食、消瘦等表现，即"三多一少"症状，糖尿病（血糖）一旦控制不好会引发并发症，导致肾、眼、足等部位的衰竭病变。

延伸阅读

人工牛胰岛素的首次合成

作为一种蛋白质，胰岛素由 A、B 两条肽链，共 17 种 51 个氨基酸组成。人工合成胰岛素，首先要把氨基酸按照一定的顺序联结起来，组成 A 链、B 链，然后再把 A、B 两条链连在一起。这是一项复杂而艰巨的工作，在 20 世纪 50 年代末，世界权威杂志《自然》曾发表评论文章，认为人工合成胰岛素还有待于遥远的将来。

1958 年 12 月底，我国人工合成胰岛素课题正式启动。中科院生物化学研究所会同中科院有机化学研究所、北京大学联合组成研究小组，在前人对胰岛素结构和多肽合成的研究基础上，开始探索用化学方法合成胰岛素。中科院上海有机化学研究所和北京大学化学系负责合成 A 链，中科院生物化学研究所负责合成 B 链，并负责把 A 链与 B 链正确组合起来。

概括起来，研究过程可以分成三步：第一步，探索把天然胰岛素的 A、B 两条链，重新组合成为胰岛素的可能性。研究小组在 1959 年突破了这一关，重新组合的胰岛素结晶和天然胰岛素结晶的活力相同、形状一样；第二步，分别合成胰岛素的两条链，并用人工合成的 B 链同天然的 A 链结合生成半合成的牛胰岛素，这一步在 1964 年获得成功；第三步，经过半合成考验的 A 链与 B 链相结合后，通过小鼠惊厥实验证明了纯化结晶的人工合成胰岛素确实具有和天然胰岛素相同的活性。

研究小组经过 6 年多坚持不懈的努力，终于在 1965 年 9 月 17 日，在世界上首次用人工方法合成了结晶牛胰岛素。原国家科委先后两次组织著名科学家进行科学鉴定，证明人工合成牛胰岛素具有与天然牛胰岛素相同的生物活力和结晶形状。

随后，1965 年 11 月，这一重要科学研究成果首先以简报形式发表在《科学通报》杂志上，1966 年 3 月 30 日，全文发表。

人工牛胰岛素的合成，标志着人类在认识生命、探索生命奥秘的征途中迈出了关键性的一步，促进了生命科学的发展，开辟了人工合成蛋白质的时代，在我国基础研究，尤其是生物化学的发展史上有巨大的意义与影响。

探秘核酸和 DNA

人们对细胞内遗传物质基础的认识和对其他实物的认识一样，都是一个由表及里和从现象到本质的发展过程。

1865 年，奥地利修道士孟德尔在进行豌豆繁育的实验中，认识到种子的形状和颜色等十分明显的特征是通过一些单独存在的因子一代一代往下传的。

过了大半个世纪后，在 1926—1933 年，美国遗传学家摩尔根和他的学生们研究了这种遗传因子，称它为基因，指出基因存在于细胞内部的染色体中，它能够重新产生，当细胞分裂时在子细胞中再生出一套同样的基因。这就把孟德尔的因子具体化，并与细胞结合起来。摩尔根获得了 1933 年诺贝尔生理学和医学奖。

"基因"这一词最早是 1906 年英国胚胎学家贝特森提出来的，来自希腊文"起源或产生"。

染色体是因为它很容易染上颜色而得名。当时德国细胞学家 W. 弗莱明为了研究细胞分裂过程应用合成的苯胺染料，认识到细胞核具有线状结构。

后来这个线状结构就被称为染色体。

许多年前，科学家们已经知道染色体中含有蛋白质和核酸。由于人们曾把蛋白质看作生命的基石，因此大多数生物化学家和生物学家都认为基因就是蛋白质。

核酸的发现改变了科学家们的认识。核酸是瑞士青年生物化学家米歇尔在1869年首先从脓细胞中分离出来的。

米歇尔起初在瑞士巴塞尔大学学习医学，毕业后接受他的伯父、解剖学教授的劝告：组织发展的基本问题必须以化学为基础解决。1868—1870年，他到德国蒂宾根生物化学家霍伯·赛勒的实验室工作学习。就在这个实验室的地下室里，米歇尔发现了核酸。

他之所以选择脓细胞，是因为脓里的白细胞是当时所知道的动物细胞最简单的一种，而且外科诊所可以经常供应。

动过手术的患者绷带如果用一般的盐溶液洗，脓细胞就会膨大成胶块，如果用较稀的硫酸钠溶液洗，就可以得到沉淀物与血清分离物质。米歇尔用稀碱溶液抽取脓的细胞时，发现在脓细胞内有一种物质在酸溶液中沉淀。这个沉淀物可以溶解在极微量的碱溶液中。于是，他认为这个在酸溶液中沉淀而在碱溶液中溶解的物质属于细胞核的物质，因为他认为稀盐酸可以溶解细胞核以外的所有细胞内容物。

当米歇尔把分离出来的这个属于细胞核的物质放在显微镜下观察时，又发现到"污染"的现象，认为是细胞蛋白质的遗迹。于是他又在稀盐酸中加入能够分解蛋白质的胃蛋白酶，把残迹洗掉，确定它除含有通常有机化合物分子中的碳、氢、氧和氮外，还含有磷，并用不同的仪器研究这种物质的物理、化学性质，确定这种物质不属于当时已知的任何一种物质，而是一种新物质。由于这种物质来自细胞核，就称它为核质。

可是这个结果一直拖延了两年直到1871年才发表。原因是当时米歇尔只是霍伯·赛勒门下一名研究助理，霍伯·赛勒不放心这个结果，在米歇尔离开这个实验室后，重复了米歇尔的实验，直到认为满意后才发表。

1889年，德国生物化学家R.奥尔特曼发现了核质的酸性，把它改称为核酸。

19世纪末20世纪初，德国生物化学家A.科塞尔在霍伯·赛勒实验室里继续研究了核酸，确定核酸普遍存在于细胞中，但不同的细胞含量不同，他确定核酸要由 4 种不同的含氮碱基以及磷酸和糖组成。含氮基是含氮的杂环化合物嘌呤或嘧啶的衍生物，因呈碱性，故称碱基。因此 A. 科塞尔获得 1910 年诺贝尔生理学和医学奖。

嘌呤是德国有机化学家 E. 费歇尔在 1898 年发现的。嘧啶是 1885 年德国化学家平勒从吡啶中制得，分子式是 $C_5H_4N_4$，又称间二氮杂苯。

1910 年前后以出生在俄国的美籍生物化学家列文为首的几位科学家证实核酸所含的糖不是像葡萄糖、果糖那样的六碳糖（己糖），而是五碳糖（戊糖），称为核糖。1929 年，他们又发现有的核酸分子中的核糖失去了一个氧原子，因此核酸就有脱氧核糖核酸（简称 DNA）和核糖核酸（简称 RNA）之分。他们还确定核酸是由核苷酸组成，提出了核苷酸的结构。

20 世纪 40 年代末 50 年代初，英国生物化学家托德研究了核苷酸，确定它们是由含氮碱基、戊糖和磷酸组成的化合物，因此而获得了 1957 年诺贝尔化学奖。

这样，核酸被完全发现。核酸有两种，一种是脱氧核糖核酸，另一种是核糖核酸。这两种核酸都是由核苷酸缩合而成的生物高分子化合物。核苷酸是由含氮碱基、戊糖和磷酸构成。含氮碱基有两类：一类是嘌呤碱，其中有腺嘌呤（A）和鸟嘌呤（G）两种。另一类是嘧啶碱，其中有胸腺嘧啶（T）、胞嘧啶（C）和尿嘧啶（U）三种。如下表。

两种核酸的成分

构成成分		脱氧核糖核酸（DNA）	核糖核酸（RNA）
含氮碱基	嘌呤碱	腺嘌呤（A）、鸟嘌呤（G）	腺嘌呤（A）、鸟嘌呤（G）
	嘧啶碱	胞嘧啶（C）、胸腺嘧啶（T）	胞嘧啶（C）、尿嘧啶（U）
戊糖		脱氧核糖	核糖
磷酸		磷酸	磷酸

核酸所含的核苷酸单体往往是很多的，例如大肠杆菌中含有的一种双链 DNA 分子，由 4×10^8 个核苷酸对组成，分子量高达 3×10^9。

动物细胞 DNA 的种类更多，分子量更大，一般都含有大约 10^{10} 个核苷酸单体，分子量达 $10^{11}—10^{12}$。这和水、甲烷等比较起来，可算是分子世界中的

庞然大物。

胸腺嘧啶又称甲基尿嘧啶，分子式是 $C_5H_6N_2O_2$；胞嘧啶分子式是 $C_4H_5N_3O$；尿嘧啶分子式是 $C_4H_4N_2O_2$。

随着核酸、DNA 的发现，1944 年，加拿大出生的美籍细菌学家艾弗里提出携带遗传基因的是染色体中的 DNA，之后另一些人提出同样的看法且被实验证实，从此，DNA 和生物遗传联系起来。

到 1953 年，美国生物化学家沃森和英国生物物理学家克拉克根据新西兰出生的英籍生物物理学家威尔金斯测得的 DNA 的 X 射线衍射图，提出了 DNA 分子结构图：由两条互相缠绕成螺旋的长链组成，两螺链走向相反，外侧为磷酸基团，内侧为含氮碱基。在腺嘌呤和胸腺嘧啶、鸟嘌呤和胞嘧啶之间以氢键相联结。他们三人因此共获 1962 年诺贝尔生理学和医学奖。

1951—1958 年，英国女物理学家 R. 弗兰克林独立或和他人合作发表多篇对 DNA 进行 X 射线衍射研究的成果报道，她在 1953 年发表的著述中已经明确绘出 DNA 的螺旋图像。可是她在沃森等人获得诺贝尔奖的 3 年前已经逝世。

乌克兰出生的美籍生物化学家查加夫在 1905 年利用色层分析方法和紫外光技术，发现同一物种内 DNA 的组成是不变的，而在物种之间有很大不同。这就使他得出结论，不同的物种具有不同类型的 DNA。他更发现到嘌呤碱基的数量总是等于嘧啶碱基的数量。这对沃森和克里克建立 DNA 模型有决定性价值。但他也与诺贝尔奖无缘。

DNA 分子能准确地自我复制。这种准确自我复制能力是它能作为遗传基因的物质承担者的重要原因，因为这种复制特点使它的性状在繁殖过程中保持着稳定性和连续性，从而保证子代和亲代具有相同的遗传性状。

DNA 双螺旋结构的分子模型被誉为 20 世纪生物化学方面最伟大的发现，也被视为分子生物学诞生的标志，最巨大的贡献是由此建立了基因工程。

所谓基因工程，即遗传工程，或者叫作 DNA 技术，使人们可以从数十万种基因中分离出所需的“目的基因”，在试管里对基因进行剪切和组装，转移到受主细胞进行扩增。采用这种技术，人们可以按自己的意志定向地改造生物，创造具有所需遗传特性的新品种，大量而廉价地生产那些对人类有益的产品。

分子生物学

　　在分子水平上研究生命现象的科学。通过研究生物大分子（核酸、蛋白质）的结构、功能和生物合成等方面来阐明各种生命现象的本质，研究内容包括各种生命过程，比如光合作用、发育的分子机制、神经活动的机理、癌的发生等。

基因工程的四个步骤

　　第一步：获得符合人类意愿的基因，即获得目的基因。目的基因是依据基因工程设计中所需要的某些 DNA 分子片段，含有所需要的完整的遗传信息。

　　第二步：把目的基因接到某种运载体上，常用的运载体有能够和细菌共生的质粒、温和噬菌体（病毒）等。

　　第三步：通过运载体把目的基因带入某生物体内，并使它得到表达。目的基因的表达是指目的基因进入受体细胞后能准确地转录和翻译。目的基因能否表达是基因工程是否成功的关键。

　　DNA 分子很小，其直径只有 20 埃，约相当于五百万分之一厘米，在它们身上进行"手术"是非常困难的，因此基因工程实际上是一种"超级显微工程"，对 DNA 的切割、缝合与转运，必须有特殊的工具。

　　DNA 的分子链被切开后，还得缝接起来以完成基因的拼接。1976 年，科学家们在 5 个实验室里几乎同时发现并提取出一种酶，这种酶可以将两个 DNA 片段联结起来，修复好 DNA 链的断裂口。1974 年以后，科学界正式肯定了这一发现，并把这种酶叫作 DNA 连接酶。从此，DNA 连接酶就成了名符其实的"缝合"基因的"分子针线"。只要在用同一种"分子剪刀"

剪切的两种 DNA 碎片中加上"分子针线"，就会把两种 DNA 片段重新联结起来。

把"拼接"好的 DNA 分子运送到受体细胞中去，必须寻找一种分子小、能自由进出细胞，而且在装载了外来的 DNA 片段后仍能照样复制的运载体。理想的运载体是质粒，因为质粒能自由进出细菌细胞，应当用"分子剪刀"把它切开，再给它安装上一段外来的 DNA 片段后，它依然如故地能自我复制。有了限制性内切酶、连接酶及运载体，进行基因工程就可以如愿以偿了。

运载体将目的基因运到受体细胞是基因工程的最后一步，目的基因的导入过程是肉眼看不到的。因此，要知道导入是否成功，事先应找到特定的标志。例如我们用一种经过改造的抗四环素质粒 PSC100 作载体，将一种基因移入自身无抗性的大肠杆菌时，如果基因移入后大肠杆菌不能被四环素杀死，就说明转入获得成功了。

嘌呤的发现

几乎所有的化学物质都是在发现后，它的结构才被确定的。这是当然的，一个物质被发现后才有可能测定它的组成，先建立它的分子式，然后才有可能测定它的分子结构。但是也有例外，有一种化学物质是在先确定了它的结构后才被发现的。这是一个除利用科学实验外，还利用归纳、演绎的方法发现化学物质的一个范例。

这一化学物质是嘌呤。嘌呤是一种含氮的杂环化合物，无色针状结晶体，易溶于水。它的衍生物鸟嘌呤、腺嘌呤等是核酸的组成成分。

人每日排泄的尿中含有尿酸。尿酸按分子结构又名 2，6，8 - 三羟基嘌呤，就是嘌呤的一种衍生物。

1817 年，出生在瑞士的英国爱丁堡大学医学博士马塞特从尿结石中发现到一种物质。它溶解在碱液中，与硝酸共热后蒸发至干时得到一种黄色物质，并从希腊文"黄色"称它为"黄色氧化物"。

1840 年，德国化学家武勒和李比希正确测定了它的化学组成是 $C_5H_4N_4O_2$。由于它与尿酸的分子组成 $C_5H_4N_4O_3$ 相比少一个氧原子，因此瑞典化学家贝齐里乌斯又称它为亚尿酸。后来它被称为黄嘌呤，按分子结构又名 2，6–二氧嘌呤，又是一个嘌呤的衍生物。它的纯净状态是一种无色结晶体，存在于动物的血液、肝脏和尿中，是核酸代谢的产物。

1857 年，德国化学家施特雷克尔从肌肉中发现一种物质，确定它的化学组成是 $C_5H_4N_4O$，与 1850 年德国化学家谢瑞尔从脾中发现的次黄质是同一物质。这一物质后来被称为次黄嘌呤，按分子结构又名 6–羟基嘌呤。

这样，德国化学家 E. 费歇尔在 1884 年发表论说，认为尿酸、黄嘌呤、次黄嘌呤都是一种假定的、具有分子组成 $C_5H_4N_4$ 的氧化物，并把这个假定的物质命名为嘌呤。他是根据这些化合物的分子组成做出结论的：尿酸（$C_5H_4N_4O_3$）、黄嘌呤（$C_5H_4N_4O_2$）、次黄嘌呤（$C_5H_4N_4O$）、嘌呤（$C_5H_4N_4$）。

接着另一些嘌呤的衍生物相继被发现。例如 1885 年德国生理学教授 A. 柯塞尔从胰腺中分离出腺嘌呤（$C_5H_5N_5$），后来称为 6–氨基嘌呤。1845 年德国李比希的一位学生安格尔从鸟粪中发现鸟嘌呤（$C_5H_5N_5O$），后来称为 6–羟基–2–氨基嘌呤，等等。

1897—1899 年，德国化学和药学教授麦迪卡斯合成了黄嘌呤、可可碱、腺嘌呤、咖啡碱等。提出正确的尿酸的结构式，并给出黄嘌呤和可可碱的结构式。

E. 费歇尔再次研究并修正这些物质的分子结构，并从这些物质的结构推导出具有共同结构的尚未知的嘌呤的分子结构。

原来嘌呤不能从自然界中取得，也不存在于动物或植物体中，没有任何生理作用，但它作为一种"母"体化合物，却衍生了许多存在于动植物体中、具有生理作用的"儿"体化合物，如尿酸、鸟嘌呤、腺嘌呤、咖啡碱、可可碱等等。

E. 费歇尔根据这些物质的结构式提出假设的 $C_5H_4N_4$ 的存在，1898 年终于用锌还原碘化的尿酸获得它。

对人和某些动物来说，嘌呤氮最后是以尿酸的形式被排泄弃掉。

代　谢

　　代谢是生物体内所发生的用于维持生命的一系列有序的化学反应的总称。这些反应进程使得生物体能够生长和繁殖、保持它们的结构以及对外界环境做出反应。代谢通常被分为两类：分解代谢可以对大的分子进行分解以获得能量（如细胞呼吸）；合成代谢则可以利用能量来合成细胞中的各个组分，如蛋白质和核酸等。代谢可以被认为是生物体不断进行物质和能量交换的过程，一旦物质和能量的交换停止，生物体的结构和系统就会解体。

多酚咖啡与痛风

　　痛风的定义是人体内有一种叫作嘌呤的物质的新陈代谢发生了紊乱，尿酸（嘌呤的氧化代谢产物）的合成增加或排出减少，造成高尿酸血症，当血尿酸浓度过高时，尿酸即以钠盐的形式沉积在关节、软组织、软骨和肾脏中，引起组织的异物炎性反应，就叫痛风。由此可见，痛风形成的主因就是这个嘌呤。这就是为什么痛风要查嘌呤的原因。

痛风要件之一——高尿酸

　　多酚咖啡以良好的抗细胞氧化作用，能大幅减少内源性嘌呤的产生，从而限制尿酸的过多生成；

　　多酚咖啡还具有独特的抗营养性，其多酚能通过分子中的氢键与食物中的蛋白质和嘌呤结合，并以这种结合的形式排出体外，避免肌体对嘌呤和蛋白质的过多吸收和利用，从而限制并减少从食物中过多地获得外源性嘌呤；

　　多酚咖啡具有温和而较好的利尿作用，能有效促进已生成的尿酸从肾脏排出体外，尤其难得的是，多酚咖啡的这种利尿作用，没有某些药物的利尿作用那样强烈，能达到利尿、较好地排出尿酸、而又不伤肾的效果。

痛风要件之二——钠

高尿酸与体内过量的钠结合，形成尿酸钠结晶，就形成了痛风，多酚咖啡具有独特的促进钠排泄的作用，其多酚中的多个邻位酚羟基还可与钠离子产生螯合，从而减少体内游离的钠离子，有效避免钠与尿酸的结合，尿酸钠结晶减少了，痛风就少发或不发了。

多酚咖啡的上述特性对于防治痛风高尿酸具有很强的针对性，真可谓是痛风不可多得的天敌。

叶子中的不同色素

劳动人民在长期生产实践中，早就知道农作物一定要有阳光、空气、水分才能生长。但是科学上对绿色植物的生长作用的了解只是在 18 世纪以后才开始。经过几代植物学家和化学家们的辛勤研究，才逐步认识到这种作用的本质是植物利用太阳能，将水分和空气中的二氧化碳转化成碳水化合物，并放出氧气。这个过程就叫光合作用。

由于光合作用的结果，太阳能转化成化学能，并且生成碳水化合物。植物就依靠这个碳水化合物生存，而动物又依靠植物生存。

叶绿素存在于植物的叶子里。正是由于它的存在而使叶子呈现绿色。它在光合作用中起着重要的催化作用。

1818 年，法国药剂师、化学家彼里蒂埃和卡万图从绿叶

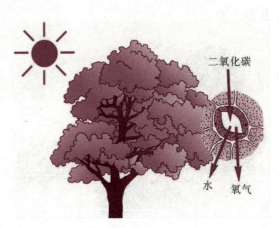

光合作用

中发现它里面还有叶黄质，并分别命名它们为叶绿素和叶黄质，他们都来自希腊文。

但是当时他们只是把它们作为化学物质分离出来进行研究，而没有确定

它们是什么化学物质。大约过了 80 年后，一位英国专门研究自然产物的化学教授辛克揭开谜底，认为它是一种混合物，不是纯净的化合物。

1906—1913 年，德国化学家威尔斯塔特和他的助手斯托尔研究了叶绿素，明确指出叶绿素不是单一均匀的物质，而是由四部分组成，两部分是蓝—绿叶绿素 a（$C_{55}H_{72}O_5N_4Mg$）和黄—绿叶绿素 b（$C_{55}H_{70}O_6N_4Mg$），另两部分是黄的胡萝卜素（$C_{40}H_{56}$）和叶黄质（$C_{40}H_{56}O_2$）。他发现蓝—绿叶绿素 a 和黄—绿叶绿素 b 以 3∶1 比例存在，叶黄质和胡萝卜素以 2∶1 比例存在。为了分离这些复杂的物质，他利用了俄国植物学家茨维特创造的色层分离法，确定叶绿素分子中含有镁原子，它与 4 个吡咯环连接，就如血液中血红蛋白中血红素分子中的铁原子一样。威尔斯塔特因此获得 1915 年诺贝尔化学奖。

胡萝卜素又称叶红素，1832 年，德国药学教授瓦肯路德因从胡萝卜中发现了它而得名。1907 年威尔斯塔特分析确定了它的化学式。它是红色的，由于它溶解在脂肪中时因溶解量不同而呈现出橙色或黄色。胡萝卜和甘薯呈现橙色或黄色，正是由于它们含有胡萝卜素。黄油和蛋白由于含胡萝卜素而呈现黄色。含有胡萝卜素的动物脂肪，如鸡的脂肪是黄色的。不含胡萝卜素的脂肪，如猪油是白色的。

胡萝卜素在人的肝脏或大肠内受酶的作用转变成维生素 A，因此它是维生素 A 原。

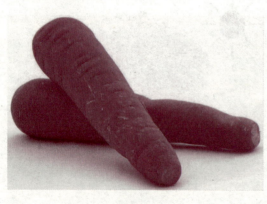

胡萝卜

胡萝卜素也溶解在人的皮下脂肪层中，肤色黄的人正是由于他们皮肤底下有足够的胡萝卜素。

在自然界中，还有一些颜色是由类似胡萝卜素的化合物引起的，例如，番茄的红颜色和煮熟了的虾壳的红颜色，都是类似胡萝卜素的化合物引起的。番茄中的这种化合物叫番茄红素，就是胡萝卜素的一种同分异构体。它们含有相同数目的碳原子和氢原子，只是分子结构不同。番茄红素是继胡萝卜素后从番茄中发现而得名。

知识点

色层分离法

又称色谱法。利用充填多孔性固体颗粒的填充柱，对液体或气体混合物中各组分的吸附性或溶解度等方面的差别，实现物理和化学性质非常相近的组分间分离的方法，属于传质分离过程，现已作为一种单元操作应用。

填充柱是分离装置的主体，柱内充填多孔性固体颗粒，如吸附剂、离子交换树脂，或浸渍于载体上的萃取剂或吸收剂，称为固定相。流过填充柱的多组分料液或混合气体，称为流动相。流动相流过填充柱时，物料中各组分因溶解度、吸附性等方面的差异，经历多次差别分配。易分配于固定相的组分，在柱中的移动速度慢，难分配于固定相的组分，移动速度快，从而使各组分逐步分开，最后可实现较完全的分离。

延伸阅读

叶的组织构造

表皮：为叶片表面的一层初生保护组织，通常有上、下表皮之分，上表皮位于腹面，下表皮位于背面。表皮细胞扁平，排列紧密，通常不含叶绿体，外表常有一层角质层。有些表皮细胞常分化形成气孔或向外突出形成毛茸。

叶肉：为表皮内的同化薄壁组织，通常有下列两种：

（1）栅栏组织：紧靠上表皮下方，细胞通常1至数层，长圆柱状，垂直于表皮细胞，并紧密排列呈栅状，内含较多的叶绿体。在两面叶或针形叶中，栅栏组织亦分布于下表皮上方或整个表皮内侧四周，但亦有一些水生及阴生植物的叶是完全没有栅栏组织的。

（2）海绵组织：细胞形状多不规则，内含较少的叶绿体，位于栅栏组织下方，层次不清，排列疏松，状如海绵。

叶脉：为贯穿于叶肉间的维管束。主脉部分维管束较粗大，侧脉及小脉部分维管束较细小，通常为木质部在上方的有限外韧型，较少为木质部在中间的双韧型。维管束四周主要为薄壁组织，渐靠近表皮则常有厚角组织或厚壁组织。这些组织在主脉下方凸出部分通常较多而特别发达。草酸钙结晶在叶片组织中十分常见，形状种种，随植物种属而有所不同。

复杂的植物碱

1805 年，德国一位年轻的药剂师塞尔杜纳发表一篇文章，阐明从鸦片中分离出一种物质能与酸作用形成盐，经猫和亲自服用试验，具有催眠效果。11 年后即 1816 年他提纯获得这一物质的结晶体，再次发表论说，并用希腊神话中的"睡梦神"命名它为吗啡。

这一发现引起法国药学家们和化学家们的重视，因为早在 1803 年，法国巴黎药剂师德罗斯和赛甘曾从鸦片中分离出吗啡，只是混合物，没有进一步仔细研究。

法国化学家盖吕萨克高度评价这一发现，鼓动法国同行们仔细认真寻找更多、更有效的这类物质。法国巴黎药学院药学教授罗比凯重复塞尔杜纳的实验，肯定了他的发现，他在 1817 年和 1832 年先后又从鸦片中发现那可丁、可待因。接着法国巴黎药学专科学校教授 P. J. 彼尔蒂埃和卡万图在 1818—1821 年共同发现奎宁、辛可宁、马钱子碱、番木鳖碱、咖啡碱和藜芦碱等。

欧洲各国化学家们纷纷研究这些来自植物的碱，它们大多不溶于水，溶于醇和一些有机溶剂，有苦味，对人和动物具有明显的生理作用和毒性。德国化学家李比希分析了它们的组成，确定它们的分子中都含有氮原子，作为复杂环状结构的一部分。我们称为植物碱，又因其中少数来自动物，因而又称生物碱。

鸦片，是由罂粟果的汁液干燥而成的黑色膏状物，原产小亚细亚（今土耳其亚洲部分），在 7 世纪由当时称为波斯的伊朗传入我国，有"米囊子"、"御米"等名称。明朝李时珍（1518—1593）编著的《本草纲目》中称为阿芙蓉，16 世纪开始在北京出现用它制成的"一粒金丹"制剂，但当时并无吸食记载。18 世纪后半叶由殖民主义者葡萄牙人以及后来的英国人大量输入，毒害我国人民，激起 1840 年的鸦片战争。

吗啡（$C_{17}H_{19}NO_3$）是鸦片的主要组成成分。它是白色结晶体，无臭，味苦，易溶于水，具有镇痛、止咳、兴奋、抑制呼吸及肠蠕动的作用，常用会成瘾、中毒。

罂 粟

吗啡经乙酸酐【$(CH_3CO)_2O$】的乙酰化作用后，分子内 2 个羟基（—OH）被乙酰基（—$COCH_3$）取代，成为二乙酰基吗啡［$C_{17}H_{17}(COCH_3)_2NO_3$］，是德国拜尔公司化学家 F. 霍夫曼在 1897 年制成的。拜尔公司的老板认为这是了不起的事，就用德文"英雄的"命名它。我们从读音译成"海洛因"。原先是为了寻找吗啡的安全代用品而研制，哪知它比吗啡更易成瘾，更毒。拜尔公司却利用广告造声势，为它的销售铺平道路，使它成为止痛、医治抑郁症、支气管炎、哮喘、胃癌的药物，欺骗吸食者。它是一种白色粉末状物，俗称白粉或白面。吸食它上瘾很快。最初吸毒的那种快感和幻觉在 3—5 个月后逐渐消失，最终导致死亡。

那可丁（$C_{22}H_{23}NO_7$）也存在于鸦片中，含量仅次于吗啡，是一种无色针状结晶体，是许多医治咳嗽药物的组成成分。英文名来自希腊文"致麻木"。

可待因（$C_{18}H_{21}NO_3$），在鸦片中的含量小于那可丁，又称甲基吗啡，为吗啡经甲基（—CH_3）化反应制得。它是一种无色结晶体，也有镇痛作用，较吗啡弱，成瘾性较小，使用较安全。英文名来自希腊文"头、果实、罂粟果"。

从鸦片中发现的植物碱还有蒂巴因、罂粟碱等。

蒂巴因（$C_{19}H_{21}NO_3$）是一种白色结晶体，是能引起强烈痉挛的毒物。1835 年，法国彼尔蒂埃实验室一工作人员从鸦片中发现它。它的英文名来自埃及尼罗河上游城市底比斯，因为 18 世纪以前欧洲的鸦片主要来自埃及。

罂粟碱（$C_{20}H_{21}NO_4$）是无色结晶体，具有轻微的麻醉作用。1848 年德国化学家摩克从鸦片中发现了它。它在鸦片中的含量小于那可丁，大于可待因。它的英文名称来自"罂粟的"。

鸦片中含有 20 多种植物碱。

金鸡纳树

奎宁（$C_{20}H_{24}N_2O_2$）又称金鸡纳霜，是一种白色粉末，因而称为"霜"，存在于南美洲秘鲁出产的金鸡纳树皮中。当地人很早就用这种树皮的浸泡液医治发烧发热。传说有一位印第安人患疟疾病很重，口很渴，当他走到一个小池塘边喝了许多水后，顿时觉得病情好了很多，原来是池塘里浸泡着许多金鸡纳树皮。由此一传十，十传百。1640 年，西班牙的占领者驻秘鲁总督辛可伯爵的夫人被传染上疟疾，也用这种树皮浸泡液治愈。于是它被传到欧洲，被称为辛可纳，我们译成金鸡纳。奎宁是由这种树在秘鲁的当地名称而来的。那时候金鸡纳树皮的出口完全由西班牙控制，后来英国人在印度尼西亚爪哇岛试植成功，建立大种植园。奎宁被世界各国普遍用于治疗疟疾。

辛可宁（$C_{19}H_{22}N_2O$）也存在于金鸡纳树皮中，是无色针状结晶体，生理作用与奎宁相似。它比奎宁在水中的溶解度要小，而其硫酸盐在水中的溶解度较大，因此二者可分离。它的名称就来自辛可伯爵。

金鸡纳树皮中也存在 20 多种植物碱。1847 年，德国化学家 F. L. 温克勒从这一树皮中又发现了辛可尼定（$C_{19}H_{22}N_2O$），是辛可宁的同分异构体。

马钱子碱（$C_{21}H_{22}N_2O_2$）和番木鳖碱（$C_{23}H_{26}N_2O_4$）都存在于马钱子的树皮和种子中。马钱子树是一种常绿乔木，原产印度、缅甸、越南等"番"邦，它的种子如小鳖状，因而名番木鳖碱。从它们的分子结构可知番木鳖碱是马钱子碱的二甲氧基的衍生物。它的毒性较马钱子碱小。它与硝酸作用显深红色，以区别于马钱子碱。马钱子碱用于灭虱等害虫。

咖啡碱又名咖啡因（$C_8H_{10}N_4O_2$），存在于咖啡豆和茶叶中，是一种白色粉末或结晶体，能兴奋呼吸中枢及血管运动中枢，英文名来自法文"咖啡"。

1827 年，法国一位姓奥德里的化学家从茶叶中又发现了一种植物碱，从法文"茶"命名它为茶碱，后来分析证实茶碱和咖啡碱是同一物质。

茶叶中还含有另一种茶叶碱（$C_7H_8N_4O_2$），是一种白色结晶体，和咖啡碱一样是一种弱碱，是在 1888 年由德国生理学教授 A. 柯塞尔从茶叶中发现的，用"茶叶"和"树叶"缀合命名。

藜芦碱（$C_{37}H_{53}NO_{11}$）存在于藜芦中。藜芦品种很多，属百合科，是多年生草本。我国产的多是黑藜芦，根供内服，能催吐、祛痰，有大毒，农业上用作杀虫药。德国药剂师迈斯纳在 1819 年独自从墨西哥产的种子中发现了它，而彼里蒂埃和卡万图是从它的根茎中发现的。英文名称来自它的拉丁文植物科属。

彼里蒂埃早在 1821 年就独自从胡椒中发现胡椒碱（$C_{17}H_{19}NO_3$），它是一种无色结晶体。医药上用作解热剂。不过，丹麦物理学家、化学家艾尔斯泰德比彼里蒂埃更早两年独自从胡椒中发现它。胡椒中含胡椒碱 7%—9%，它的命名来自拉丁文"胡椒"。

藜 芦

彼里蒂埃和马根迪共同发现吐根碱（$C_{29}H_{40}N_2O_4$）。吐根碱存在于吐根的根中，是一种白色无定形粉末。吐根是一种多年生草本，原产巴西，我国台湾也有栽培，医药上用它的根作催吐剂，英文名来自希腊文"呕吐"。

在法国药剂师们发现多种植物碱的同时，德国药剂师布兰德斯在 1819—1920 年发现莨菪碱、阿托品和飞燕草碱等。

莨菪碱（$C_{17}H_{23}NO_3$）存在于茄科植物莨菪和曼陀罗等中，是一种白色结晶体。莨菪是多年生草本。我国古代很早就以莨菪的种子作为药用，称为天仙子，服后狂浪放宕，故名莨菪。曼陀罗是一年生草本，在我国自古就用作麻醉药。《三国演义》中描述关云长在襄阳与曹仁打仗时中了流箭，请医生华佗（？—208）刮骨疗毒，而关云长"饮酒食肉，谈笑弈棋，全无痛苦之色"。据今天我国古医药学研究者认为当时华佗使用了麻醉药麻沸散，就是用曼陀罗浸泡在酒中制成。它的英文名来自植物科属拉丁名称。

阿托品又称颠茄碱，化学分子式与莨菪碱相同，只是旋光性不同。它是无色晶体，剧毒，医药上用途颇广，眼科用它治虹膜炎，放大瞳孔。又能治神经痛、气管炎、盗汗等症。它的外文名称来自希腊文，是希腊神话中司命运的三个女神中最长的一位，主管人的生死，可见它的毒性厉害。

飞燕草碱（$C_{22}H_{35}NO_6$），又称翠雀宁，存在于飞燕草的种子中，是一种白色结晶体，有毒，用作杀灭头发中的虱子。飞燕草是一年生草本。它的外文名称来自植物科属拉丁名。

飞燕草中含有多种植物碱。飞燕草属植物中还可能含有乌头碱（$C_{34}H_{47}NO_{11}$），是一种白色结晶体。1860 年，英国化学家格罗夫斯分离出它。但在此一千多年前我国就已制取和应用了它。我国各地都产乌头，是一种多年生草本，有块根，主根为乌头，侧根为附子。我国南朝齐梁时代医生陶弘景（456—536）编著的《本草经集注》中记述着："八月取（乌头）汁，日煎（日光干燥）为膏，傅（敷）箭射禽兽，中人亦死。"在汉、唐朝代的文献中也有相同的记述。这就是说，我国很早就用乌头制造毒箭。事实上直到 20 世纪初的年代里我国西南少数民族地区仍在使用这种毒箭。

乌头碱的外文名来自它的植物科属拉丁名称。

另一种箭毒是南美洲各种箭毒的总称。印第安人用来毒杀野兽也有很长的历史。这是在从大戟属植物中提取的植物碱加入毒蚂蚁、荨麻、毒鱼、蛇血等配制而成。据说这种箭毒口服无害，但进入肌肉后使肌肉松弛，野兽的肉也变得嫩而好吃。

20 世纪 20 年代，法国和英国用箭毒治疗肌肉张力亢进症、痉挛。1935 年，英国化学家 H. 金分离出一种箭毒碱，并确定了它的化学组成。瑞士出生的意大利药理学家博维特因对箭毒生物碱的研究而获 1957 年诺贝尔生理学和医学奖。

植物碱中还有古柯碱，又称可卡因（$C_{17}H_{21}NO_4$），因存在于南美古柯树树叶中而得名，是一种无色结晶体。1859 年，德国化学家尼曼首先分离出它。1860 年，武勒分离出其纯净物，分析确定了它的分子组成。

古柯树原生长在南美洲玻利维亚、哥伦比亚等地。当地印第安人很早就咀嚼古柯树叶，以消除疲劳和引起欣快感。英国医生克里斯蒂森将这种植物引种到欧洲。

古柯树

1884 年，美国医生柯勒发现古柯碱有镇痛麻醉作用，从而引起医药界对它的研究。但是社会上把提纯古柯碱和金钱挂上了钩，从 20 世纪 60 年代开始，哥伦比亚等地一些人组织大量生产，诱使人们吸食以产生舒适的幻觉。服用者逐渐习惯并不断要加大剂量，最后形成依赖性，也就是成瘾，以致不能停止服用，否则就产生痛苦的戒断症状。因而可卡因成为与鸦片、海洛因等等同的毒品。

谈到毒品，还有大麻。大麻是一种一年生草本植物，我国自古以来就种植。它的茎部韧度纤维长而坚韧，用来纺线、织布，种子可榨油，供制造油漆。中医药中以它的果实入药，主治大便燥结。毒品的大麻是从麻蕡中得到的油树脂。麻蕡是指大麻的雌花株梢，是在开花时将花穗连同小形叶子一起摘下，经晒干后得到的，有止咳、镇痉、止痛、镇静与安眠等效用，吸食后产生精神愉快和引起幻觉。麻蕡中含有多种大麻酚类，应不属植物碱。

现代所说的毒品中还有冰毒。冰毒是由天然麻黄素中提炼出来的透明状

结晶物质，形状似冰，所以叫作冰毒。

麻黄素又称麻黄碱（$C_{10}H_{15}NO$），是另一种植物碱，无色结晶体，口服它的盐酸盐可防止支气管哮喘，用它的溶液滴鼻可解除鼻塞。

麻黄碱是从麻黄草中提取出来的。麻黄是我国著名的特产中药，已有几千年的历史，在历代"本草"中均有记述。1926年，我国植物化学家赵承暇（1885—1966）分离出了不同种类的麻黄碱。

国际上新一代的毒品中还有化学合成的甲基苯丙胺（$CH_3C_6H_4C_3H_6NH_2$），属于兴奋药苯丙胺一类，俗称"快克"，译自英文。这一词一般译成"破裂"，也可译成"疯子"、"反常的人"。新闻媒体中报道的毒品"摇头丸"就属此类。它是一含氮有机化合物，也具有一定的碱性，可以认为是一种人工合成的植物碱。

烟碱又称尼古丁（$C_6H_{14}N_2$），也将可能被列入毒品中。它存在于烟草中，是一种无色或淡黄色油状物，能与水以任何比例混合，易溶于氯仿、乙醚中，可用作杀虫药，对人畜毒性强。1809年法国化学家沃克兰从烟草中发现它，因一位法国人尼古在1560年首先将烟草引进法国栽种而得名。

随着近代医药学的发展，研究人员发现吸烟对人体有百害而无一益，吸烟是引起肺气肿、心血管疾病、癌症和智力衰退的病因之一，并且造成社会公害，使不吸烟的人也受其害。

多种植物碱存在各种植物体中，化学家们和药学家们不仅从一些不常见的古柯树、金鸡纳树等植物中发现了它们，也从一些熟知的植物体中发现了它们。上面提到的胡椒碱就是一例。

另外，1821年法国化学家德福塞发现了存在于茄属植物马铃薯的芽中、龙葵等的果实中有毒的茄碱（$C_{52}H_{91}NO_{18}$）。这就告诉人们发芽的马铃薯不能食用。

1812年，德国化学家施拉德从毒芹中发现毒芹碱（$C_8H_{17}N$）。1831年，法国医学科学院实验室主任亨利从芥种子中发现芥子碱（$C_{16}H_{25}NO_6$）。1826年，德国化学家瓦肯洛德从紫堇属植物根中发现紫堇碱（$C_{22}H_{27}NO_4$）。

1866年，德国化学家施布勒从甜菜汁中分离出甜菜碱（$C_5H_{21}NO_2$）。一些有毒蘑菇中也含有有毒的植物碱，例如一种生长在竹林里或阴湿处的一种鬼笔蕈中含有鬼笔鹅膏碱。

化学家们不仅从各种植物体中发现了多种植物碱，还用化学方法合成了它们。1886 年，德国化学家兰登柏格合成了毒芹碱，这可能是最早合成的植物碱。英国化学家罗宾森在合成莨菪碱后，在 1946 年又合成了马钱子碱和番木鳖碱，因此获得 1947 年诺贝尔化学奖。

化学家们还人工合成了不存在于植物体中的植物碱。德国化学家 O. 费歇尔在 1881 年合成了第一种植物碱克灵（$C_{10}H_{13}NO$），又称解热碱，这一名称来自希腊文"机会"，另一个是卡罗灵（$C_9H_{10}NCH_3$）。它们都是奎宁的衍生物。

紫堇

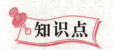
知识点

酸 酐

某酸脱去一分子水或几分子水，所剩下的部分称为该酸的酸酐。一般无机酸是一分子的该酸，直接失去一分子的水就形成该酸的酸酐，其酸酐中决定酸性的元素的化合价不变。而有机酸是两分子该酸或多分子该酸通过分子间的脱水反应而形成的。只有含氧酸才有酸酐。无氧酸是没有酸酐的。

延伸阅读

西方社会对鸦片的滥用

鸦片一物不但在清朝中叶时的中国境内泛滥，在同时期的西方社会，鸦

片滥用的情况也相当普遍。

18、19世纪的欧美医学家仍普遍师从古希腊医生的看法，把鸦片当作医治百病的"万灵药"，取代西洋传统医学较为野蛮的杯吸法、放血疗法和医蛭法。由于当时医疗条件落后，而且对疾病成因亦不太清楚，因此当时医生的目标是抑制病痛，而非治愈疾病。在这种所谓医治思想下，鸦片的麻醉与镇痛的特性自然大有用武之地。

除了进口鸦片，英国医学协会还设立奖章推动国产鸦片的培育。英国政府一方面把吗啡含量为4%—6%的印度鸦片出口到中国，另一方面又进口吗啡含量高达10%—13%的土耳其鸦片用于本国制药业；英国人一方面视中国人因享乐而吸鸦片是"独特的东方习俗"，另一方面却以治病的名义毫无顾忌地把鸦片酊灌进自己的身体。

在"鸦片无害"的假设下，当时的英国国民都将鸦片上瘾的副作用，当作解脱病痛的代价。此外，当时英国市场亦出售含鸦片成分的"婴儿保静剂"，为了减轻育儿的负担，英国贫民窟的母亲、保姆，甚至育婴堂都乐意让孩子喂食，可以想象当时服用"婴儿保静剂"的儿童通常肤色灰白、营养不良，陷于比他们的父母更悲惨的境遇。

在维多利亚时代，几乎每个英国人都在他们生命的某一段时期服用过鸦片，服食鸦片就像喝酒或抽烟一样是生活的一部分，可以想象当时鸦片在英伦三岛的泛滥程度。

即使有因鸦片中毒致命的事例，当时英国也极少有医生愿意做证把死因归于鸦片，因为这会牵涉到他的同行，或者会令鸦片药制品的销量减少。医生和药商支持对华鸦片贸易的言论，只不过是他们在对本国同行包庇纵容的延伸。

1860年，中国政府被迫在《天津条约》中将鸦片改称"洋药"，允许鸦片贸易合法化，但英国政府却发现，英国国民对非药用鸦片的滥用也已到了必须立法禁止的地步。但直到19世纪末，随着特效新药的发明，以及对人类疾病成因的深入了解，欧美医学界才开始破除对"鸦片治百病"神话的迷信，其应用范围才得到限制。

动物体中的有机酸碱

1780年，瑞典化学家谢勒发现酸牛乳中存在一种酸，先使它成为钙盐，然后利用草酸使它析出，从拉丁文"牛乳"命名它为乳酸。后来明确它是牛乳中的乳糖发酵后产生的。

1807年，瑞典化学家贝齐里乌斯从肉汁中发现一种与乳酸相同的酸，德国化学家李比希从肌肉中提取出它，分析证明它与乳酸具有相同的化学组成，从希腊文"肌肉"称它为肌乳酸。后来明确它是肌肉运动时血液中的肝糖分解的产物。我们在运动和劳动中肌肉的酸痛即由此产生。

1848年，德国化学家恩格尔哈尔德和汉因兹将这两个酸的一系列盐进行溶解度、晶形、结晶水含量和脱水过程的比较，确定它们是两种不同的化学物质，但具有相同的化学组成。

1860年，法国化学家维尔茨和德国化学家科尔比等人分析确定二者同分异构，明确它们分子组成中含有的羟基（—OH）联结在分子碳链上的位置不同，用希腊字母 α 和 β 区分它们，乳酸是 α 羟基丙酸（$CH_3CHOHCOOH$），肌乳酸是 β 羟基丙酸（CH_2OHCH_2COOH）。

1863年，德国化学家维斯利采纽斯研究了这两种酸，确定它们都可以被热的硫酸分解，生成乙醛和甲酸，在氧化时都生成醋酸，认为它们二者不是位置异构，而是由于原子在空间的排列不同，这引发荷兰化学家范特霍夫创建立体化学。

乳酸是一种无色浆状液体，易溶于水，易吸收潮湿。可以由糖发酵等方法制取，用于食品、鞣革与纺织等工业中，医药上用它的钠盐防治酸中毒。

尿酸是来自人和动物的又一有机酸。1766年，谢勒从尿结石中分离出它。1811年，法国化学家沃克兰从鸟粪中发现它，之后英国化学家普劳特在蛇的排泄物中发现它。1875年，德国化学家麦第卡斯确定它的分子组成为 $C_5H_4N_4O_3$，并确立了它的分子结构。它是嘌呤的一种衍生物，学名2，6，8–三羟基嘌呤。

对于鸟类和爬虫类，尿酸是它们体内含氮化合物中新陈代谢的主要终端

HUAXUE DE FAZHAN LIGENG

产物。蛇类在蜕皮时与皮肤一起也排泄出尿酸。鸟粪中含大约25%以上的尿酸。对于多数动物而言，尿酸在排泄前转变成尿囊素。沃克兰在1800年从牛的尿囊液中分离出尿囊素。

1849年，武勒和李比希用二氧化铅的悬浮液氧化尿酸得到尿囊素，测定它的分子组成是$C_4H_6N_4O_3$。尿囊是哺乳动物积存代谢产物的机构，囊内液体中含有尿酸。人尿中含有少量尿酸，每日每人平均排出0.5—1克。当人患有痛风病时体内尿酸的含量会增加，它和它的盐沉积在关节上会起关节炎病痛。

尿酸是一种白色结晶体，无味，加热至400℃以上分解，并有剧毒的氰化氢气体放出。它不溶于冷水、乙醇、乙醚，微溶于沸水，可以从鸟粪中提取，用于有机合成和生物化学研究。

第三个来自动物体的有机酸是马尿酸。它存在于食草动物的尿中，人尿中也有少量，素食者尿中马尿酸的量较肉食者高，因为植物组织成分中含有的芳香族化合物分解时，产生苯甲酸（C_6H_5COOH）。它在肝脏中与甘氨酸（$NH_2—CH_2—COOH$）作用生成马尿酸，由尿排出。苯甲酸对人体是有毒的，马尿酸在肝脏中形成，起了去毒作用。

马尿酸的发现从1799年开始。这一年法国化学家富克鲁瓦和沃克兰将盐酸作用于牛和马的尿，得到苯甲酸。

1829年德国化学家李比希研究了这一反应，确定是由马和牛的尿中含有一种含氮的酸形成的，就称它为马尿酸。李比希测定了它的化学分子组成为$C_9H_{10}NO_3$，正确的是$C_9H_9NO_3$。1846年，法国化学家德塞涅证明马尿酸水解除产生苯甲酸外，还生成甘氨酸。马尿酸是一种无色结晶体，微溶于水和醇。

第四个是肌酸，1832年法国化学家谢弗罗尔从肉汤中分离出它。1844年德国化学家佩滕克费尔从人尿中发现肌酸酐。李比希测定了二者分子组成分别是$C_4H_9N_3O_2 + H_2O$和$C_4H_7N_3O$，确定后者是一强碱。他已认识到肌酸分子中含有一个分子结晶水，当把它加热到100℃时即失去这一结晶水。它微溶于冷水，易溶于热水。

肌酸存在于所有脊椎动物的肌肉中，在哺乳动物和鸟类的肌肉中，每1克肌肉约含450毫克肌酸，在爬行动物和两栖动物肌肉中含量少一些。它在肌肉收缩的化学变化循环中起着重要作用。

肌酸在肌肉中多半不单独存在，而与磷酸结合成磷酸肌酸。磷酸肌酸水解释放出能量，供肌肉收缩，然后它们重新结合。肌酸在体内由精氨酸转变而来。它去水成肌酐，是体内新陈代谢的废物，由尿排出。肌酸的分子结构为 $NH = C (NH_2) N (CH_3) CH_2COOH$，被称为甲胍基醋酸。

第五个是胆汁酸。德国化学家威兰德从 1912 年起开始研究它，从其中发现三种酸，即胆酸、去氧胆酸和猪去氧胆酸，确定它们的复杂结构，获得 1927 年诺贝尔化学奖。

胆汁酸在人和动物的胆汁中以胆汁酸盐的形式存在，即胆汁酸中羧基（—COOH）与各种氨基酸中氨基（—NH_2）通过酰胺键（—CONH—）形成牛磺胆酸等化合物，并在羧基或磺酸基处形成钾或钠盐。这些胆盐能使脂肪乳化，易水解，并被人体或动物吸收。

胆酸早在 1841 年就被贝齐里乌斯从牛胆汁中发现。它以甘氨酸、牛磺酸的酰胺化合物存在于脊椎动物的胆汁中。

牛磺酸早于胆酸在 1827 年由德国解剖学和生理学教授蒂德曼和化学家 L. 格美林从牛的胆汁中发现。法国化学家佩卢兹和杜马在 1838 年测定它的化学式是 $C_2H_7NO_5$，在李比希实验室工作的德国化学家雷德坦巴切尔分析确定分子中含有硫，正式确定它的分子式是 $C_2H_7NS_3$。

法国化学家弗雷米在 1841 年从脑体中分离出脑脂酸，是来自动物的又一种酸。

德国药学教授利布雷赫在 1865 年从脑体中分离出神经碱，曾被一些化学家认为它与德国化学家施雷克尔在 1862 年从胆汁中发现的胆碱是同一物质。神经碱以游离的或结合的形式存在于人脑中以及一些动物或植物产物中，是卵磷脂腐败的产物。胆碱作为卵磷脂的组成成分存在于一切动物和植物组织中。它的硫酸盐存在于微菌、地衣和红藻中。神经碱毒性很大，而胆碱无毒。

法国化学家塞尔米、高蒂埃和德国化学家布里格分别在 1873 年、1874 年、1883 年发表关于尸碱的研究报告。它是蛋白质腐败的产物，其中含有多种碱。所谓尸中毒是由于细菌产生的毒质所致。

知识点

发　酵

发酵有时也写作酦酵，多是指生物体对于有机物的某种分解过程。发酵是人类较早接触的一种生物化学反应，如今在食品工业、生物和化学工业中均有广泛应用。

工业生产上笼统地把一切依靠微生物的生命活动而实现的工业生产均称为发酵。工业发酵要依靠微生物的生命活动，生命活动依靠生物氧化提供的代谢能来支撑，因此工业发酵应该覆盖微生物生理学中生物氧化的所有方式：有氧呼吸、无氧呼吸和发酵。

延伸阅读

乳酸在工业中的用途

乳酸在发酵工业中用于控制 pH 值和提高发酵物纯度；

在卷烟行业中可以保持烟草湿度，除去烟草中的杂质，改变口味，提高烟草档次，乳酸还可中和尼古丁烟碱，减少对人体有害成分，提高烟草品质；

在纺织行业中用来处理纤维，可使纤维易于着色，增加光泽，使触感柔软；

在涂料墨水工业中用作 pH 调节剂和合成剂，在塑料纤维工业是可降解新型材料聚乳酸 PLA 的首选原料；

乳酸亦可作为聚乳酸的起始原料，生产新一代的全生物降解塑料；

在制革工业中，乳酸可脱去皮革中的石灰和钙质，使皮革柔软细密，从而制成高级皮革；

乳酸由于对镍具有独一无二的络合常数，常被用于镀镍工艺，它同时可作为电镀槽里的酸碱缓冲剂和稳定剂。在微电子工业中，其独特的高纯度及低金属含量满足了半导体工业对高质量的要求，它作为一种安全的有机溶解剂可用于感光材料的清洗；

乳酸作为 pH 调节剂和合成剂可应用于各种水基涂层的黏合系统。如：电积物的涂层。乳酸产品沸点低，非常适用于为高固体涂层制定的安全溶解系统。乳酸产品系列为生产具有良好流体性能的含高固形物的涂料提供了机会；

乳酸具有清洁去垢等作用，用于洗涤清洁产品，比传统的有机除垢剂性能更佳，因此它可应用于众多除垢产品中。如：厕所、浴室、咖啡机的清洁剂。乳酸具有抗微生物性，当它与其他抗微生物剂如乙醇配合使用，可产生协同作用。